U0309714

第五代移动通信网络技术

张 博 编 著

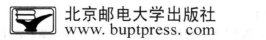

北京邮电大学出版社
www.buptpress.com

内 容 简 介

本书以第五代移动通信技术原理及典型工作任务为依据,以培养第五代移动通信网络建设与运行维护的核心职业能力为目标,本书从5G关键技术介绍,再到总体架构、网络接口物理层、MAC层等逐一对5G的标准由浅入深、循序渐进地进行阐述。书中配置了大量的图示说明,深入浅出,突出应用性、实践性。

围绕上述内容,本书共分五章,各章主要内容简述如下:第1章为5G基础知识,主要包含第一代、第二代、第三代、第四代、第五代移动通信技术演进;5G技术特点;5G标准体系与规范;5G及其他制式之间的比较。第2章为5G关键技术简介,主要包含非正交多址接入技术、滤波组多载波技术、大规模MIMO技术、认知无线电技术、多技术载波聚合技术等。第3章为5G-NR协议栈,主要包含网络架构、网络接口、物理层、MAC层、RLC层、PDCP层、5G典型信令等。第4章为5G硬件基础,以诺基亚设备为例,主要包含系统模块硬件架构、射频模块硬件架构。第5章为gNB硬件安装项目实训。第6章为基站开通调测项目实训。

本书可作为相关专业师生和移动通信从业人员的参考资料。

图书在版编目(CIP)数据

第五代移动通信网络技术 / 张博编著 . -- 北京:北京邮电大学出版社,2019.10(2022.6重印)
ISBN 978-7-5635-5871-1

Ⅰ.①第… Ⅱ.①张… Ⅲ.①无线电通信－移动通信－通信技术 Ⅳ.①TN929.5

中国版本图书馆CIP数据核字(2019)第194247号

书　　名:第五代移动通信网络技术
作　　者:张　博
责任编辑:满志文
出版发行:北京邮电大学出版社
社　　址:北京市海淀区西土城路10号(邮编:100876)
发 行 部:电话:010-62282185　传真:010-62283578
E-mail:publish@bupt.edu.cn
经　　销:各地新华书店
印　　刷:北京九州迅驰传媒文化有限公司
开　　本:787 mm×1 092 mm　1/16
印　　张:11
字　　数:269千字
版　　次:2019年10月第1版　2022年6月第4次印刷

ISBN 978-7-5635-5871-1　　　　　　　　　　　　　　　　定　价:48.00元

前　言

　　自 20 世纪 70 年代以来,移动通信从模拟语音通信发展成为今天能提供高质量移动宽带服务的技术,终端用户数据传输速率达到每秒数兆比特,用户体验也在不断提高。此外,随着新型移动设备的增加,通信业务不断增长、网络流量持续上升,现有的无线技术已无法满足未来移动通信的需求。与前几代移动通信技术相比,第五代移动通信技术(5G)的业务提供能力将更加丰富,而且,面对多样化场景的差异化性能需求,5G 很难像以往一样以某种单一技术为基础形成针对所有技术场景的解决方案。我国 IMT-2020(5G)推进组发布的 5G 概念白皮书从 5G 愿景和需求出发,分析归纳了 5G 主要的技术场景、关键挑战和适用关键技术,提取了关键能力与核心技术特征并形成 5G 概念。2015 年 6 月,国际电信联盟(ITU)将 5G 正式命名为 IMT—2020,并且把移动宽带、大规模机器通信和高可靠低时延通信定义为 5G 主要的应用场景。5G 不再单纯地强调峰值速率,而是综合考虑 8 个技术指标:峰值速率、用户体验速率、频谱效率、移动性、时延、连接数密度、网络能量效率和流量密度。与现有 4G 相比,随着用户需求的增加,5G 网络应重点关注 4G 中尚未实现的挑战,包括容量更高、数据传输速率更快、端到端时延更低、开销更低、大规模设备连接和始终如一的用户体验质量,随着这些技术的融入,5G 的性能将不断得到提升。

　　本书从 5G 基础知识,到 5G 关键技术介绍,再到总体架构、网络接口物理层、MAC 层等逐一对 5G 的标准进行描述。图文并茂地帮助读者学习和掌握第五代移动通信技术的理论知识。

　　本书的编写工作由北京政法职业学院张博老师完成,并得到北京金戈大通通信技术有限公司技术人员的帮助与支持,特此鸣谢。

　　由于作者的水平有限,加之技术和相关学术领域的不断变化、更新,书中的不足之处在所难免,恳请广大读者批评指正,以便作者进一步修改完善。

作　者

目　　录

第1章　5G基础知识

1.1　移动通信技术演进

移动通信技术系统从20世纪80年代的第一代模拟系统到目前正在运行的第四代移动通信系统,以及将要部署的第五代移动通信系统,在不断发展和演进,每一代移动通信技术都有各自的技术特点,都有相应的技术规范和制式以便适应不断发展的技术和业务需求,如图1-1所示。

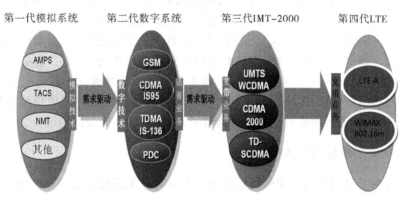

图 1-1　第一代到第四代移动通技术的演进图

1.1.1　第一代移动通信技术

第一代移动通信技术(1G)是指最初的模拟系统,仅限语音的蜂窝电话标准,制定于20世纪80年代。Nordic移动电话(NMT)就是这样一种标准,应用于北欧、东欧国家以及俄罗斯。其他还包括美国的高级移动电话系统(AMPS),英国的全接入通信系统(TACS)以及日本的JTAGS(移动式信息处理系统),西德的C-Netz,法国的Radiocom 2000和意大利的RTMI。目前,模拟蜂窝服务在许多地方被逐步淘汰。

第一代移动通信系统主要采用的是模拟技术和频分多址(FDMA)技术。由于受到传输带宽的限制,不能进行移动通信的长途漫游,只能是一种区域性的移动通信系统。第一代移动通信系统有多种制式,我国主要采用的是TACS制式。第一代移动通信有很多不足之处,如容量有限、制式太多、互不兼容、保密性差、通话质量不高、不能提供数据业务和不能提供自动漫游业务等。

20世纪70年代末,美国AT&T公司通过使用电话技术和蜂窝无线电技术研制了第一套蜂窝移动电话系统,取名为先进的移动电话系统,即AMPS(Advanced Mobile Phone Service)系统。第一代无线网络技术的一大成就就在于它去掉了将电话连接到网络的用户线,用户第一次能够在移动的状态下拨打电话。这一代主要有 3 种窄带模拟系统标准,即北美蜂窝系统(AMPS),北欧移动电话系统(NMT)和全接入通信系统(TACS),我国采用的主要是 TACS 制式,即频段为 890～915 MHz 与 935～960 MHz。第一代移动通信的各种蜂窝网系统有很多相似之处,但是也有很大差异,它们只能提供基本的语音会话业务,不能提供非语音业务,并且保密性差,容易并机盗打,它们之间还互不兼容,显然移动用户无法在各种系统之间实现漫游。

一个典型的模拟蜂窝电话系统是在美国使用的高级移动电话系统,系统采用 7 小区复用模式,并可在需要时采用扇区化和小区分裂来提高容量。与其他第一代蜂窝系统一样,AMPS 在无线传输中采用了频率调制,在美国,从移动台到基站的传输使用 824 MHz～849 MHz 的频段,而基站到移动台使用 869 MHz～894 MHz 的频段。每个无线信道实际上由一对单工信道组成,它们彼此有 45 MHz 分隔。每个基站通常有一个控制信道发射器(用来在前向控制信道上进行广播),一个控制信道接收器(用来在反向控制信道上监听蜂窝电话呼叫建立请求),以及 8 个或更多频分复用双工语音信道。

在一个典型的呼叫中,随着用户在业务区内移动,移动交换中心发出多个空白—突发指令,使该用户在不同基站的不同语音信道间进行切换。在高级移动电话系统中,当正在进行服务的基站的反向语音信道(RVC)上的信号强度低于一个预定的阈值,则由移动交换中心产生切换决定。预定的阈值由业务提供商在移动交换中心中进行调制,它必须不断进行测量和改变,以适应用户的增长、系统扩容,以及业务流量模式的变化。移动交换中心在相邻的基站中利用扫描接收机,即所谓定位接收机来确定需要切换的特定用户的信号水平。这样,移动交换中心就能找出接收切换的最佳邻近基站,从而完成交换的工作。

1.1.2 第二代移动通信技术

为了解决由于采用不同模拟蜂窝系统造成互不兼容无法漫游服务的问题,1982 年北欧四国向欧洲邮电行政大会(Conference Europe of Post and Telecommunications,CEPT)提交了一份建议书,要求制定 900 MHz 频段的欧洲公共电信业务规范,建立全欧统一的蜂窝网移动通信系统。同年成立了欧洲移动通信特别小组,简称 GSM(Group Special Mobile)。第二代移动通信数字无线标准主要有:GSM、D-AMPS、PDC 和 IS-95CDMA 等。

为了适应数据业务的发展需要,在第二代移动通信技术中还诞生了 2.5G,也就是 GSM 系统的 GPRS 和 CDMA 系统的 IS-95B 技术,这两项技术大大提高了数据传送能力。第二代移动通信系统在引入数字无线电技术以后,数字蜂窝移动通信系统提供了更好的网络,不仅改善了语音通话质量,提高了保密性,防止了并机盗打,而且也为移动用户提供了无缝的国际漫游。

GSM 系统包括 GSM900 的 900 MHz,GSM1800 的 1 800 MHz 及 GSM-1900 的 1 900 MHz等几个频段。

GSM 系列主要有 GSM900,DCS1800 和 PCS1900 三部分,三者之间的主要区别是工作频段的差异。

目前我国主要的两大 GSM 系统为 GSM900 及 GSM1800,由于采用了不同的频率,因此适用的手机也不尽相同。不过目前大多数手机基本是双频手机,可以在这两个频段内自由切换。欧洲国家普遍采用的系统除 GSM900 和 GSM1800 外,还加入了 GSM1900,手机为三频手机。在我国随着手机市场的进一步发展,当时也已经出现了三频手机,即可在

GSM900、GSM1800、GSM1900 三种频段内自由切换的手机,真正做到了一部手机可以畅游全世界。

第二代移动通信技术基本可分为两种,一种是基于 TDMA 发展出来的 GSM,另一种是采用复用(Multiplexing)形式的 CDMA。

主要的第二代手机通信技术规格标准有:

(1)GSM:基于 TDMA 发展、源于欧洲、目前已全球化。

(2)IDEN:基于 TDMA 发展、美国独有的系统,被美国电信系统商 Nextell 使用。

(3)IS-136 (也称为 D-AMPS):基于 TDMA 发展,是美国最简单的 TDMA 系统,主要用于美洲。

(4)IS-95 (也称为 CDMA One):基于 CDMA 发展、是美国最简单的 CDMA 系统、主要用于美洲和亚洲一些国家。

(5)PDC (Personal Digital Cellular):基于 TDMA 发展,仅在日本普及。

与第一代模拟蜂窝移动通信技术系统相比,第二代移动通信技术系统采用了数字化,具有保密性强,频谱利用率高,能提供丰富的业务,具有标准化程度高等特点,使得移动通信技术得到了空前的发展,从过去的补充地位跃居通信技术的主导地位。

在我国,现有的移动通信网络主要以第二代移动通信系统的 GSM 和 CDMA 为主,网络运营商运营的主要是 GSM 系统,现在中国移动、中国联通使用的是 GSM 系统,中国电信使用的是 CDMA 系统。

1. GSM 移动通信网结构

GSM 移动通信网结构如图 1-2 所示。

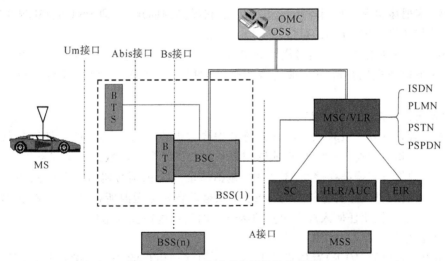

图 1-2 GSM 移动通信网结构示意图

由系统结构图可以看出,GSM 由 MS(移动台)、BSS(基站子系统)、MSS(移动交换子系统,也称为网络子系统-NSS)和 OSS(操作维护子系统)这四部分组成。

1)移动台(MS)

移动台是 GSM 系统的用户设备,包括车载台、便携台和手持机。

每个移动台都有自己的识别码,即国际移动设备识别号(IMEI),IMEI 主要由型号许可代码和厂家有关的产品号构成。

每个移动用户都有自己的国际移动用户识别号(IMSI),这个号码全球唯一,存储在用户手机的 SIM 卡上。

2)基站子系统(BSS)

功能:基站子系统(BSS)在 GSM 网络的固定部分和无线部分之间提供中继,BSS 通过无线接口直接与移动台实现通信连接,同时 BSS 又连接到网络端的移动交换机。

(1)基站收发信台(BTS)

基站收发信台(BTS)完成无线与有线的转换,属于基站系统的无线部分,是由 BSC(基站控制器)控制,服务于小区的无线收发信设备,完成 BSC 与无线信道之间的转换,实现 BTS(基站收发台)与 MS(移动台)之间通过空中接口的无线传输及相关的控制功能。

(2)基站控制器(BSC)

基站控制器(BSC)是 BSS 的控制部分,在 BSS 中起交换作用。BSC 一端可与多个 BTS 相连,另一端与 MSC 和操作维护中心(OMC)相连,BSC 面向无线网络,主要负责完成无线网络、无线资源管理及无线基站的监视管理,并能完成对基站子系统的操作维护功能。

BSS 中的 BSC 所控制的 BTS 的数量随业务量的大小而改变。

3)移动交换子系统(MSS)

主要包含 GSM 系统的交换功能和用于用户数据与移动性管理、安全性管理所需要的数据库功能,它对 GSM 移动用户之间的通信和 GSM 移动用户与其他通信网用户之间通信起着管理作用。

(1)移动业务交换中心(MSC)

移动业务交换中心(MSC)是网络的核心。它提供交换功能,把移动用户与固定网用户连接起来,或把移动用户互相连接起来。为此,它提供到固定网(即 PSTN、ISDN、PDN 等)的接口,及与其他 MSC 互连的接口。

MSC 从三种数据库——归属位置寄存器(HLR)、拜访位置寄存器(VLR)和鉴权中心(AUC)中取得处理用户呼叫请求所需的全部数据。反之,MSC 根据其最新数据更新数据库。

(2)归属位置寄存器(HLR)

归属位置寄存器(HLR)是 GSM 系统的中央数据库,存储着该 HLR 控制的所有存在的移动用户的相关数据,一个 HLR 能够控制若干个移动交换区域或整个移动通信网,所有用户的重要的静态数据都存储在 HLR 中,包括移动用户识别号码、访问能力、用户类别和补充业务等数据。HLR 还存储且为 MSC 提供移动台实际漫游所存在的 MSC 区域的信息(动态数据),这样就使任何入局呼叫立即按选择的路径送往被叫用户。

(3)拜访位置寄存器(VLR)

拜访位置寄存器(VLR)存储进入其覆盖区的移动用户的全部有关信息,这使得 MSC 能够建立呼入/呼出的操作。可以把它看成动态的用户数据库。VLR 从移动用户的归属位置寄存器(HLR)处获取并存储必要的数据,一旦移动用户离开该 VLR 的控制区域,则重新在另一个 VLR 登记,原 VLR 将取消临时记录的该移动用户的数据。

(4)鉴权中心(AUC)

鉴权中心(AUC)属于 HLR 的一个功能单元部分,专用于 GSM 系统的安全性管理。鉴权中心(AUC)存储着鉴权信息与加密密钥,用来进行用户鉴权及对无线接口上的话音、数据、信令信号进行加密,防止无权用户接入和保证移动用户的通信安全。

（5）设备识别寄存器（EIR）

设备识别寄存器（EIR）存储着移动设备的国际移动设备识别号（IMEI），通过核查白色清单、黑色清单、灰色清单这三种表格，分别列出准许使用、出现故障需监视、失窃不准使用的移动设备识别号（IMEI）。运营部门可据此确定被盗移动台的位置并将其阻断，对故障移动台能采取及时的防范措施。

（6）短消息中心（SC）

短消息中心（SC）提供在 GSM 网络中移动用户和固定用户或移动用户和移动用户之间发送信息长度较短的信息。

4）操作维护子系统（OSS）

操作维护子系统（OSS）是维护人员和系统设备之间的中介，它实现了系统的集中操作和维护，完成包括移动用户管理、移动设备管理及网络操作维护等功能。

用于操作维护的设备成为操作维护中心（OMC），它又分为 OMC-S 和 OMC-R 两部分，其中 OMC-S 用于 MSC、HLR 和 VLR 的维护和管理，OMC-R 用于整个 BSS 系统的操作与维护。

2. CDMA 系统组成结构

CDMA 蜂窝通信系统的网络结构与 GSM 系统相类似，主要由：网络子系统和基站子系统等组成，如图 1-3 所示。

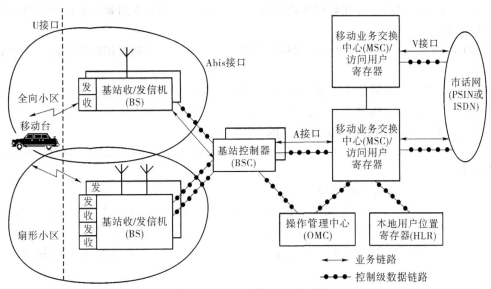

图 1-3　CDMA 系统结构示意图

1）网络子系统

网络子系统位于市话网与基站控制器之间，它主要由：移动交换中心（MSC）或称为移动电话交换局（MTSO）、本地用户位置寄存器（HLR）、访问用户位置寄存器（VLR）、操作管理中心（OMC）、鉴权中心（AC）等设备组成。

2）基站子系统

基站子系统（BSS）包括基站控制器（BSC）和基站收发设备（BTS）。每个基站的有效覆盖范围即为无线小区，简称小区。小区可分为全向小区（采用全向天线）和扇形小区（采用定向天线），常用的小区分为 3 个扇形区，分别用 α、β 和 γ 表示。

一个基站控制器（BSC）可以控制多个基站，每个基站含有多部收发信机。

1.1.3 第三代移动通信技术

第三代移动通信系统（IMT-2000），在第二代移动通信技术的基础上进一步演进的以宽带 CDMA 技术为主，并能同时提供语音和数据业务的移动通信系统。是一代有能力彻底解决第一、二代移动通信系统主要弊端的当时最先进的移动通信系统。第三代移动通信系统的一个突出特色就是，要在未来移动通信系统中实现个人终端用户能够在全球范围内的任何时间、任何地点，与任何人，用任意方式、高质量地完成任何信息之间的移动通信与传输。

1. 第三代移动通信系统特点

第三代移动通信的基本特征如下所述：

(1) 具有全球性的系统设计，具有高度的兼容性，能与固定网络业务及用户互连；

(2) 具有与固定通信网络相比拟的高话音质量和高安全性；

(3) 具有在本地采用 2 bit/s 高速率接入和在广域网采用 384 bit/s 速率接入的分段使用功能；

(4) 具有在 2 GHz 左右的高效频谱利用率，且能最大限度地利用有限带宽；

(5) 移动终端可连接地面网和卫星网，可移动使用和固定使用，可与卫星业务共存和互连；

(6) 能够处理包括国际互联网和视频会议、高数据率通信和非对称数据传输的分组和电路交换业务；

(7) 支持分层小区结构，也支持包括用户向不同地点通信时浏览国际互联网的多种同步连接；

(8) 语音只占移动通信业务的一部分，大部分业务是非话务数据和视频信息；

(9) 一个共用的基础设施，可支持同一地方的多个公共的和专用的运营公司；

(10) 手机体积小、重量轻，具有真正的全球漫游能力；

(11) 具有根据数据量、服务质量和使用时间为收费参数，而不是以距离为收费参数的新收费机制。

2. 第三代移动通信网络结构

根据 IMT-2000 系统的基本标准，第三代移动通信系统主要由 4 个功能子系统构成，它们是核心网（CN）、无线接入网（RAN）、移动台（MT）和用户识别模块（UIM），且基本对应于 GSM 系统的交换子系统（SSS）、基站子系统（BBS）、移动台（MT）和 SIM 卡四部分，如图 1-4 所示。

图 1-4　第三代移动通信系统构成示意图

通过融合，当时形成三种主流的第三代移动通信技术标准：WCDMA、CDMA 2000、TD-SCDMA，其中：

• 3GPP 发展 WCDMA、CDMA TDD 和 EDGE。

· 3GPP2 发展 CDMA 2000 的技术规范。

第三代移动通信技术标准体系如图 1-5 所示。

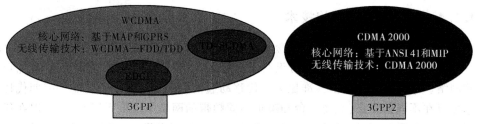

图 1-5 第三代移动通信技术标准体系

第三代移动通信的三大技术制式中 TD-SCDMA 和 WCDMA 的网络结构类似,它们的核心网都是基于 MAP 和 GPRS 的,无线传输技术支持 WCDMA FDD 和 TDD;而 CDMA 2000 的核心网是基于 ANSI 41 和 MIP 的,其无线传输技术采用 CDMA 2000 的无线技术。典型的网络结构如图 1-6 和图 1-7 所示。

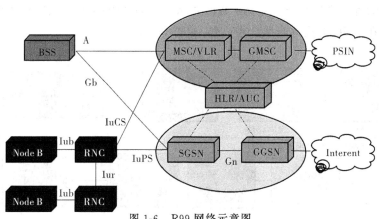

图 1-6 R99 网络示意图

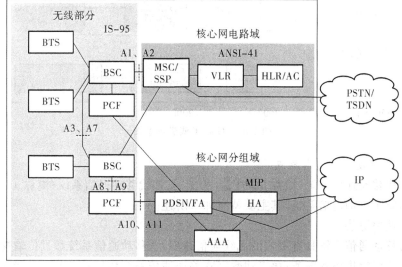

图 1-7 CDMA 2000 系统构成示意图

1）WCDMA 网络-R99。

2）CDMA 2000 网络。

1.1.4 第四代移动通信技术

4G（第四代移动通信技术）的概念可称为宽带接入和分布网络，具有非对称的超过 2 bit/s 的数据传输能力。它包括宽带无线固定接入、宽带无线局域网、移动宽带系统和交互式广播网络。第四代移动通信标准比第三代移动通信标准具有更多的功能。第四代移动通信技术可以在不同的固定、无线平台和跨越不同频带的网络中提供无线服务，可以在任何地方用宽带接入互联网（包括卫星通信和平流层通信），能够提供定位定时、数据采集、远程控制等综合功能。此外，第四代移动通信系统是集成多功能的宽带移动通信系统，使宽带接入 IP 系统。

1. 第四代移动通信技术演进

第四代移动通信系统是从第三代移动通信系统演进过来的，由于在第三代移动通信系统中存在几大技术体系，因而其向第四代移动通信系统演进时也需要兼容和融合相关技术制式，大致的演进路线是 CDMA 2000、WCDMA 和 TD-SCDMA、WiMAX 各自沿三条路线进行演进，并在后 5G 时代逐步融合在一起，如图 1-8 所示。

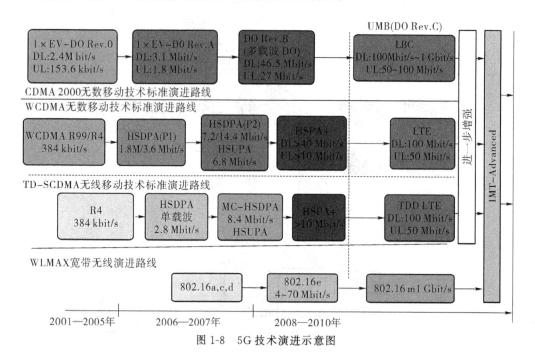

图 1-8　5G 技术演进示意图

2. 第四代移动通信技术特点

与第三代移动通信系统（简称 3G 通信）相比，第四代移动通信系统（简称 4G 通信）是集成多功能的宽带移动通信系统，其主要特点如下所述。

1）通信速率更快

第四代移动通信系统具有更快的无线通信速率，从移动通信系统数据传输速率做比较，第一代模拟式仅提供语音服务；第二代数字式移动通信系统传输速率也只有 9.6 kbit/s，最高可达 32 kbit/s;而第三代移动通信系统数据传输速率可达到 2 Mbit/s;第四代移动通信系统传输速率可达到 100 Mbit/s,甚至更高。

2)网络频谱更宽

要想使 4G 通信达到 100 Mbit/s 的传输速率,通信营运商必须在 3G 通信网络的基础上,进行大幅度的改造和研究,以便使 4G 网络在通信带宽上比 3G 网络的蜂窝系统的带宽高出更多,每个 4G 信道将占有 100 MHz 的频谱,相当于 W-CDMA(3G)网络的 20 倍。

3)通信更加灵活

4G 手机终端不仅具备通信功能,也可双向传输资料、图画、影像以及可以实现网上联线游戏。

4)智能性能更高

第四代移动通信系统的智能性更高,不仅表现在 4G 通信的终端设备的设计和操作具有智能化,更重要的是 4G 手机可以实现更多的功能,如:提醒功能、电视功能、网络购物、网络银行等。

5)兼容性能更平滑

第四代移动通信系统具备全球漫游,接口开放,能跟多种网络互联,终端多样化以及能从第二代移动通信系统平稳过渡等特点。

6)提供各种增值服务

4G 通信并不是从 3G 通信的基础上经过简单的升级而演变过来的,它以 CDMA 、OFDM、FDMA 为核心技术,可以实现如无线区域环路(WLL)、数字音讯广播(DAB)等方面的无线通信增值服务。

7)实现更高质量的多媒体通信

尽管 3G 通信也能实现各种多媒体通信,但 4G 通信能满足 3G 通信尚不能达到的在覆盖范围、通信质量、造价上支持的高速数据和高分辨率多媒体服务等方面的需要。

8)频率使用效率更高

相比第三代移动通信技术来说,第四代移动通信技术运用了以路由技术为主的网络架构,提高了频率使用效率。

9)通信费用更加便宜

由于 4G 通信不仅解决了与 3G 通信的兼容性问题,让更多的现有通信用户能轻易地升级到 4G 通信,而且 4G 通信引入了许多尖端的通信技术,这些技术保证了 4G 通信能提供一种灵活性非常高的系统操作方式,4G 通信部署起来就容易迅速得多;同时在建设 4G 通信网络系统时,通信营运商们将考虑直接在 3G 通信网络的基础设施之上,采用逐步引入的方法,这样就能够有效地降低运行者和用户的费用。

1.1.5　第五代移动通信技术

从 1G 发展到 4G,移动通信的核心是人与人之间的通信,个人的通信是移动通信的核心业务。但是 5G 的通信不仅仅是人与人之间的通信,而是物联网、工业自动化、无人驾驶等业务被引入,通信从人与人之间通信开始转向人与物之间的通信,直至机器与机器之间的通信。

5G,顾名思义是第五代通信技术,是目前移动通信技术发展的最高峰,也是人类希望不仅要改变生活,更要改变世界的重要力量。

5G 是在 4G 基础上,对于移动通信提出更高的要求,它不仅在高速率而且还在低功耗、低时延等多个方面有了全新的提升。由此业务能力也会有巨大提升,互联网的发展也将从移动互联网进入智能互联网时代。

3GPP(3rd Generation Partnership Project,第三代合作伙伴计划)定义了 5G 的三大场景如下所述。

(1)增强型移动宽带(eMBB,Enhance Mobile Broadband),按照计划能够在人口密集区为用户提供 1 Gbit/s 用户体验速率和 10 Gbit/s 峰值速率,在流量热点区域,可实现每平方公里数十 Tbit/s 的流量密度。

(2)海量物联网通信(mMTC,Massive Machine Type Communication),不仅能够将医疗仪器、家用电器和手持通信终端等全部连接在一起,还能面向智慧城市、环境监测、智能农业、森林防火等以传感和数据采集为目标的应用场景,并提供具备超千亿网络连接的支持能力。

(3)低时延、高可靠通信(uRLLC,Ultra Reliable & Low Latency Communication),主要面向智能无人驾驶、工业自动化等需要低时延高可靠连接的业务,能够为用户提供毫秒级的端到端时延和接近 100% 的业务可靠性保证。

通过 3GPP 定义的三大场景我们可以看出,对于 5G,世界通信业的普遍看法是它不仅应具备高速率,还应满足低时延这样更高的要求,尽管高速率依然是它的一个组成部分。

5G 的三大场景显然对通信技术提出了更高的要求,不仅要解决一直需要解决的速率问题,把更高的速率提供给用户;而且对低功耗、低时延等提出了更高的要求,在一些方面已经完全超出了我们对传统通信的理解,把更多的应用能力整合到 5G 中,这就对通信技术提出了更高要求。

1.2　5G 技术特点

1.2.1　5G 设计目标

为了更好地了解 5G 在工程实现上的难度和挑战,就需要先去了解人们对 5G 究竟有哪些目标和需求。以下的介绍分别是 5G 通信中最为核心的一些目标(需要注意的是,我们并不需要同时满足下述的全部需求)。

1. 数据速率(data rate)

数据速率的衡量指标又可分为以下几个小一些的领域。

(1)聚合数据速率或区域容量(Aggregate data rate or area capacity)指的是通信系统能够同时支持的总的数据速率,单位是单位面积上的 bit/s。相比于上一代的 4G 通信系统,5G 通信系统的聚合数据速率要求提高 1 000 倍以上。

(2)边缘速率(Edge rate)。指的是当用户处于系统边缘时,例如处于小区中离基站最远的位置,用户可能会遇到的传输速率最差的情况,也就是数据速率的下限。又因为一般取传输速率最差的 5% 的用户作为衡量边缘速率的标准,边缘速率又称为 5% 速率。对于该指标,5G 的目标是 100 Mbit/s 到 1 Gbit/s,这一指标比相比于 4G 典型的 1 Mbit/s 的边缘速率,要求提高了至少 100 倍。

(3)峰值速率(Peak rate)。顾名思义,指的是所有条件最好的情况下,用户能够达到的最快速率。在这里科普一下,经常有些厂家或运营商会宣布自己蜂窝网可以实现上百兆的最高速率,但这要求小区里就一个用户(只有你一个人接入了基站)。

遇到随机变化的信道状况极好的时候。这一速率甚至有望达到 10 Gbit/s 的量级。

2. 延迟(latency)

目前 4G 通信系统的往返延迟是 15 ms,其中 1 ms 用于基站给用户分配信道和接入方式产生的必要信令开销。虽然 4G 的 15 ms 相对于绝大多数服务而言,已经是很够用了。但随着科技发展,之后兴起的一些设备需要更低的延迟,比如移动云计算和可穿戴设备的联网。为此,需要新的架构和协议。

3. 能量花费(Energy and Cost)

随着我们转向 5G 通信网络,通信所花费的能耗应该越来越低。但前文提到,用户的数据速率至少需要提高 1 000 倍,这就要求 5G 通信系统中传输每比特信息所花费的能耗需要降低至少 1 000 倍。而现在能量消耗的一大部分在于复杂的信令开销,例如网络边缘基站传回基站的回程信号。而 5G 通信网络,由于基站部署更加密集,这一开销会更多。因此,5G 必须要提高能量的利用率。

4. 更多设备的接入

5G 通信网络需要有更强的服务能力,能够同时接入更多的用户。随着机—机(machine-to-machine,译为设备到另一设备)通信技术的发展,单一宏蜂窝应该能够支持超过 1 000 个低传输速率设备,同时还要能继续支持普通的高传输速率设备。

5. 5G 网络架构

5G 通信网络将融合多类现有或未来的无线接入传输技术和功能网络,包括传统蜂窝网络、大规模多天线网络、认知无线网络、无线局域网、无线传感器网络、小型基站、可见光通信和设备直连通信等,并通过统一的核心网络进行管控,以提供超高速率和超低时延的用户体验和多场景一致的无缝服务,一个可能的 5G 网络架构如图 1-9 所示。

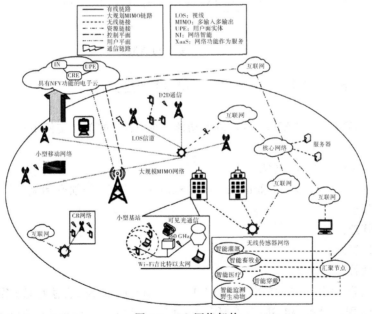

图 1-9　5G 网络架构

为此,对于5G网络架构,一方面通过引入软件定义网络(SDN)和网络功能虚拟化(NFV)等技术,实现控制功能和转发功能的分离,以及网元功能和物理实体的解耦,从而实现多类网络资源的实时感知与调配,以及网络连接和网络功能的按需提供和适配;另一方面,进一步增强接入网和核心网的功能,接入网提供多种空口(空中接口)技术,并形成支持多连接、自组织等方式复杂网络拓扑,核心网则进一步下沉转发平面、业务存储和计算能力,更高效地实现对差异化业务的按需编排。

在上述技术支撑下,5G网络架构可大致分为控制平面、接入平面和转发平面,其中,控制平面通过网络功能重构,实现集中控制功能和无线资源的全局调度;接入平面包含多类基站和无线接入设备,用于实现快速灵活的无线接入协同控制和提高资源利用率;转发平面包含分布式网关并集成内容缓存和业务流加速等功能,在控制平面的统一管控下实现数据转发效率和路由灵活性的提升。

1.2.2 5G系统功能架构

5G系统提供数据连接和服务,图1-10为5G系统功能架构。

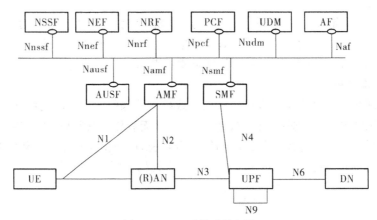

图1-10　5G系统功能架构

图中这些节点简称的含义和基础功能作用如下所述。

1)AMF

接入和移动管理功能(AMF)包括以下功能(在AMF的单个实例中可以支持部分或全部AMF功能)。

(1)终止RAN CP接口(N2)。

(2)终止NAS(N1),NAS(Non-Access Stratum,非接入层)加密和完整性保护。

(3)注册管理。

(4)连接管理。

(5)可达性管理。

(6)流动性管理。

(7)合法拦截(适用于AMF事件和LI(Lawful Interception,合法拦截)系统的接口)。

(8)为UE(用户设备)和SMF(会话管理功能)之间的SM(Session Management,会话管理)消息提供传输。

（9）用于路由 SM 消息的透明代理。

（10）接入身份验证。

（11）接入授权。

（12）在 UE 和 SMSF 之间提供 SMS 消息（Short Messaging Service，短信业务）的传输。

（13）TS 33.501 [29]中规定的安全锚功能（SEAF）。

（14）监管服务的定位服务管理。

（15）为 UE（用户设备）和 LMF（位置管理功能）之间以及 RAN（Radio Access Network，无线接入网）和 LMF 之间的位置服务消息提供传输。

（16）用于与 EPS（Evolved Packet System，演进的分组系统）互通的 EPS 承载 ID 分配。

（17）UE 移动事件通知。

2）SMF

会话管理功能（SMF，Session Management Function）包括以下功能（在 SMF 的单个实例中可以支持部分或全部 SMF 功能）。

（1）会话管理，例如会话建立，修改和释放，包括 UPF 和 AN（Access Network，接入网络）节点之间的通道维护。

（2）UE IP 地址分配和管理（包括可选的授权）。

（3）DHCPv4（服务器和客户端）和 DHCPv6（服务器和客户端）功能（例如 IETF RFC 1027 [53]中规定的 ARP 代理和/或以太网 PDU（Protocol Data Unit，协议数据单元）的 IETF RFC4861 [54]功能中规定的 IPv6 Neighbor Solicitation Proxying。SMF 通过提供与请求中发送的 IP 地址相对应的 MAC 地址来响应 ARP 和/或 IPv6 邻居请求请求）。

（4）选择和控制 UP（User Plane，用户明面）功能，包括控制 UPF 代理 ARP 或 IPv6 邻居发现，或将所有 ARP/ IPv6 邻居请求流量转发到 SMF（Session Management Function，会话管理功能实体），用于以太网 PDU 会话。

（5）配置 UPF 的流量控制，将流量路由到正确的目的地。

（6）终止接口到策略控制功能。

（7）合法拦截（用于 SM 添加事件和 LI 系统的接口）。

（8）收费数据收集和支持计费接口。

（9）控制和协调 UPF 的收费数据收集。

（10）终止 SM 消息的 SM 部分。

（11）下行数据通知。

（12）AN（接入网络）特定 SM（会话管理）信息的发起者，通过 AMF 通过 N2 发送到 AN。

（13）确定会话的 SSC 模式（Session and Service Continuity Mode，会话和服务连续模式）。

（14）漫游功能如下所述。

①处理本地实施以应用 QoS SLA（VPLMN）。

②计费数据收集和计费接口（VPLMN）。

③合法拦截（在 SM 事件的 VPLMN 和 LI 系统的接口）。

④支持与外部 DN 的交互，以便通过外部 DN 传输 PDU 会话授权/认证的信令。

3）UPF

用户平面功能（UPF）包括以下功能（在 UPF 的单个实例中可以支持部分或全部 UPF 功能）。

（1）用于 RAT（Rodio Access Technology，无线接入技术）内/ RAT 间移动性的锚点（适用时）。

（2）外部 PDU（Protocol Data Unit，协议数据单元）与数据网络互连的会话点。

（3）分组路由和转发（例如，支持上行链路分类器以将业务流路由到数据网络的实例，支持分支点以支持多宿主 PDU 会话）。

（4）数据包检查（例如，基于服务数据流模板的应用流程检测以及从 SMF（Session Management Function，会话管理功能实体）接收的可选 PFD）。

（5）用户平面部分策略规则实施（例如门控，重定向，流量转向）。

（6）合法拦截（UP 收集）。

（7）流量使用报告。

（8）用户平面的 QoS 处理，例如 UL / DL 速率实施，DL 中的反射 QoS 标记。

（9）上行链路流量验证（SDF（Service Data Flow，业务数据流）到 QoS 流量映射）。

（10）上行链路和下行链路中的传输级分组标记。

（11）下行数据包缓冲和下行数据通知触发。

（12）将一个或多个"结束标记"发送和转发到源 NG-RAN 节点。

4）PCF

策略控制功能（PCF）包括以下功能。

（1）支持统一的策略框架来管理网络行为。

（2）为控制平面功能提供策略规则以强制执行它们。

（3）访问与统一数据存储库（UDR）中的策略决策相关的用户信息。

5）NEF

网络开放功能（NEF）支持以下独立功能。

（1）能力和事件的开放

3GPPNF 通过 NEF 向其他 NF 公开功能和事件。NF 展示的功能和事件可以安全地展示，例如第三方、应用功能、边缘计算。

NEF 使用标准化接口（Nudr）将信息作为结构化数据存储/检索到统一数据存储库（UDR）。

注意：NEF 可以接入位于与 NEF 相同的 PLMN 中的 UDR。

（2）从外部应用流程到 3GPP 网络的安全信息提供

它为应用功能提供了一种手段，可以安全地向 3GPP 网络提供信息，例如预期的 UE 行为。在这种情况下，NEF 可以验证和授权并协助限制应用功能。

（3）内部—外部信息的翻译

它在与 AF 交换的信息和与内部网络功能交换的信息之间进行转换。例如，它在 AF-Service-Identifier 和内部 5G Core 信息（如 DNN、S-NSSAI）之间进行转换。

特别地，NEF 根据网络策略处理对外部 AF 的网络和用户敏感信息进行屏蔽。

网络开放功能从其他网络功能接收信息（基于其他网络功能的公开功能）。NEF 使用标准化接口将接收到的信息作为结构化数据存储到统一数据存储库（UDR）（由 3GPP 定义的接口)。所存储的信息可以由 NEF 访问并"重新展示"到其他网络功能和应用功能,并用于其他目的。

NEF 还可以支持 PFD 功能:NEF 中的 PFD 功能可以在 UDR 中存储和检索 PFD,并且应 SMF 的请求(拉模式)或根据请求提供给 SMF 的 PFD。来自 NEF(推模式)的 PFD 管理,如 TS 23.503 [45]中所述。

6)NRF

网络存储库功能(NRF)支持以下功能。

(1)支持服务发现功能。从 NF(Network Function,网络功能实体)实例接收 NF 发现请求,并将发现的 NF 实例(被发现)的信息提供给 NF 实例。

(2)维护可用 NF 实例及其支持服务的 NF 配置文件。

在 NRF 中维护的 NF 实例的 NF 概况包括以下信息:

①NF 实例 ID。

②NF 类型。

7)PLMN ID

(1)网络切片相关标识符,例如 S-NSSAI,NSI ID。

(2)NF 的 FQDN 或 IP 地址。

(3)NF 容量信息。

(4)NF 特定服务授权信息。

(5)支持的服务的名称。

(6)每个支持的服务的实例的端点地址。

(7)识别存储的数据/信息。

8)UDM

统一数据管理(UDM)包括对以下功能的支持。

(1)生成 3GPP AKA 身份验证凭据。

(2)用户识别处理(例如,5G 系统中每个用户的 SUPI 的存储和管理)。

(3)支持隐私保护的用户标识符(SUCI)的隐藏。

(4)基于用户数据的接入授权(例如漫游限制)。

(5)UE 的服务 NF 注册管理(例如,为 UE 存储服务 AMF,为 UE 的 PDU 会话存储服务 SMF)。

①支持服务/会话连续性,例如通过保持 SMF / DNN 分配正在进行的会话。

②MT-SMS 交付支持。

③合法拦截功能(特别是在出境漫游情况下,UDM 是 LI 的唯一联系点)。

④用户管理。

⑤短信管理。

9)AUSF

身份验证服务器功能(AUSF)支持 3GPP 接入和不受信任的非 3GPP 接入的认证。

10)N3IWF

非 3GPP 互通功能在不受信任的非 3GPP 接入的情况下,N3IWF 的功能包括以下内容。

（1）支持使用 UE 建立 IPsec 通道：N3IWF 通过 NWu 上的 UE 终止 IKEv2 / IPsec 协议，并通过 N2 中继认证 UE 并将其接入授权给 5G 核心网络所需的信息。

（2）N2 和 N3 接口终止于 5G 核心网络，分别用于控制平面和用户平面。

（3）在 UE 和 AMF 之间中继上行链路和下行链路控制平面 NAS(N1)信令。

（4）处理来自 SMF(由 AMF 中继)的 N2 信令与 PDU 会话和 QoS 有关。

（5）建立 IPsec 安全关联(IPsec SA)以支持 PDU 会话流量。

（6）在 UE 和 UPF 之间中继上行链路和下行链路用户平面数据包。这包括：

①用于 IPSec 和 N3 通道传输的数据包解封装/封装；

②执行与 N3 分组标记相对应的 QoS，考虑与通过 N2 接收的这种标记相关联的 QoS 要求；

③上行链路中的 N3 用户平面分组标记。

（7）根据 IETF RFC 4555 使用 MOBIKE 的不可信的非 3GPP 接入网络中的本地移动性锚点。

（8）支持 AMF 选择。

11）AF

应用功能(AF)与 3GPP 核心网络交互以提供服务，例如支持以下内容。

（1）应用流程对流量路由的影响。

（2）访问网络开放功能。

（3）与控制策略框架互动。

（4）基于运营商部署，可以允许运营商信任的应用功能直接与相关网络功能交互。

（5）应用流程操作员不允许直接向接入使用的功能网络功能应通过 NEF(Network Exposure Function，网络开放功能)使用外部展示框架与相关的网络功能进行交互。

（6）应用功能(AF)的功能和目的仅在本规范中针对它们与 3GPP 核心网络的交互进行了定义。

12）UDR

统一数据存储库(UDR)支持以下功能。

（1）通过 UDM 存储和检索用户数据。

（2）由 PCF 存储和检索策略数据。

（3）存储和检索用于开放的结构化数据。

NEF，应用数据(包括用于应用检测的分组流描述(PFD)，用于多个 UE 的 AF 请求信息)。

统一数据存储库位于与使用 Nudr 存储和从中检索数据的 NF 服务使用者相同的 PLMN 中。Nudr 是 PLMN 内部接口。

13）SMSF

短消息服务功能(SMSF)支持以下功能以支持基于 NAS(Non-access statum，非接入层)的 SMS(Short Messaging Service，短信业务)。

（1）SMS 管理用户数据检查并相应地进行 SMS 传递。

（2）带有 UE 的 SM-RP / SM-CP(见 TS 24.011 [6])。

（3）将 SM 从 UE 中继到 SMS-GMSC / IWMSC / SMS-Router。

（4）将 SMS 从 SMS-GMSC / IWMSC / SMS-Router 中继到 UE。

(5)短信相关的 CDR(Call Detail Record,呼叫详细记录)。

(6)合法拦截。

(7)与 AMF 和 SMS-GMSC 的交互,用于 UE 不可用于 SMS 传输的通知流程(即当 UE 不可用于 SMS 时,通知 SMS-GMSC 通知 UDM)。

14)NSSF

网络切片选择功能(NSSF)支持以下功能。

(1)选择为 UE 提供服务的网络切片实例集。

(2)确定允许的 NSSAI,并在必要时确定到用户的 S-NSSAI 的映射。

(3)确定已配置的 NSSAI,并在需要时确定到已用户的 S-NSSAI 的映射。

(4)确定 AMF 集用于服务 UE,或者,基于配置,可能通过查询 NRF 来确定候选 AMF 列表。

15)5G-EIR

5G 设备识别寄存器是一个可选的网络功能,支持检查 PEI 的状态(例如,检查它是否已被列入黑名单)。

16)LMF

位置管理功能(LMF)包括以下功能。

(1)支持 UE 的位置确定。

(2)从 UE 获得下行链路位置测量或位置估计。

(3)从 NG RAN 获得上行链路位置测量。

(4)从 NG RAN 获得非 UE 相关辅助数据。

17)SEPP

安全边缘保护代理(SEPP)是一种非透明代理,支持以下功能。

(1)PLMN 间控制平面接口上的消息过滤和监管。

注意:SEPP 从安全角度保护服务使用者和服务生产者之间的连接,即 SEPP 不会复制服务生产者应用的服务授权。

(2)拓扑隐藏。

18)NWDAF

网络数据分析功能(NWDAF)代表运营商管理的网络分析逻辑功能。NWDAF 为 NF 提供特定于片的网络数据分析。NWDAF 在网络切片实例级别上向 NF 提供网络分析信息(即负载级别信息),并且 NWDAF 不需要知道使用该片的当前订户。NWDAF 将切片特定的网络状态分析信息通知给用户的 NF(Network Function,网络功能实体)。NF 可以直接从 NWDAF 收集切片特定的网络状态分析信息。此信息不是订户特定的。

在此版本的规范中,PCF 和 NSSF 都是网络分析的消费者。PCF 可以在其策略决策中使用该数据。NSSF(Network Slice Selection Function,网络切片选择)可以使用 NWDAF 提供的负载级别信息进行切片选择。

1.2.3　5G 系统性能

相对于目前的 4G 通信技术,5G 通信技术在很多方面都有了很大提高。

下面通过一张表格来比较 4G 与 5G 的性能差异,感受 5G 的性能提升,如表 1-1 所示。

表 1-1　比较 4G 与 5G 的性能差异

参数	4G	5G
延迟	10 ms	小于 1 ms
峰值速率	1 Gbit/s	20 Gbit/s
移动连接数	80 亿(2016 年)	110 亿(2021 年)
通道带宽	20 MHz 200 kHz (用于 Cat-NB1 loT)	100 MHz(6 GHz 以下) 400 MHz(6 GHz 以上)
频段	5.925~600 MHz	600 MHz,对应毫米波
上行链路波形	单载波频分多址(SC-FDMA)	循环前缀正交频分复用
UE 发射功率	+23 分贝·毫瓦(dBm),允许 26 dBm HPUE 的 2.5 GHz(TDD)频段 41 除外 LoT 在+20 dBm 时具有较低功率级选项	6 GHz 以下的 5G 频段在 2.5 GHz 及以上时为+26 dBm

1.3　5G 技术的演进

1.3.1　5G 标准化历程

1. ITU

(1)ITU(International Triathlon Union,国际电信联盟)于 2015 年启动了 5G 国际标准制定的准备工作,首先开展 5G 技术性能需求和评估方法研究,明确候选技术的具体性能的需求和评估指标,形成提交模板;

(2)2017 年 ITU-R 发出征集 IMT-2020 技术方案的正式通知及邀请函,并启动 5G 候选技术征集;

(3)2018 年年底启动了 SG 技术评估及标准化;

(4)计划在 2020 年年底形成商用能力。

2. IEEE

作为 IEEE 3G、IEEE 4G 标准的制定机构,IEEE 802 标准委员会结合自身优势,积极推进下一代无线局域网标准(IEEE 802.11ax)研制,并希望将其整合至 5G 技术体系。

IEEE 通信学会也在积极探索 5G 标准化工作思路,目前计划成立信道建模、下一代前传接口、基于云的移动核心网和无线分析 4 个研究组,深入开展 5G 技术研究。

3. 3GPP

全球业界普遍认可将在 3GPP(3rd Generation Rartnership Project,第三代合作伙伴计划)制定统一的 5G 标准。从 2015 年年初开始,3GPP 已启动 5G 相关议题讨论,初步确定了 5G 的工作时间表。

3GPP 5G 研究预计将包含 3 个版本:R14、R15、R16。

具体而言:

(1)R14 主要开展 5G 系统框架和关键技术研究。

(2)R15作为第一个版本的5G标准,满足部分5G的需求,例如5G增强移动宽带业务的标准。

(3)R16完成全部标准化工作,于2020年年初向ITU提交候选方案。3GPP无线接入网工作组计划在2016年3月启动5G技术的研究工作。

(4)3GPP业务需求工作组(SA1)最早于2015年启动了"Smarter"研究课题,该课题将于2016年一季度前完成标准化,目前已形成4个业务场景继续后续工作,如表1-2所示。

表1-2　3GPP R14 5G网络架构功能特性和使能技术

业务场景	网络功能特性	网络架构使能技术
大规模物联网	Qos	最小化介入相关性
关键通信	计费	网络场景共享
增强移动互联网	策略	控制面和用户面分离
网络运行维护	鉴权	接入网和核心网分离
	移动性框架	网络切片
	会话连续性	迁移、共存和互操作机制
	会话管理	网络功能组件粒度和交互机制

3GPP系统架构工作组(SA2)于2015年年底正式启动了5G网络架构的研究课题"extGen"立项书,明确了sG架构的基本功能愿景,包括以下几点:

(1)有能力处理移动流量、设备数量快速增长;

(2)允许核心网和接入网各自演进;

(3)支持如NFV(网络功能虚拟化)、SDN(软件定义网络)等技术,降低网络成本,提高运维效率、能效,灵活支持新业务。

SA2计划在2018年输出第一版的5G网络架构标准,并于2019年完成面向商用的完备规范版本。

目前,SA2正在进行5G网络架构需求和关键特性的梳理,筛选出第一阶段重点研究的关键功能和使能技术(表1-2)。R14阶段后续工作将聚焦这些关键特性,开展架构设计、技术方案和标准化评估工作,如图1-11所示。

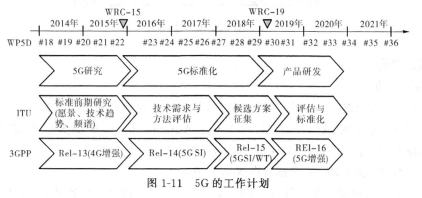

图1-11　5G的工作计划

1.3.2　5G 架构演进及技术方向

1. 5G 架构的演进

随着 5G 正式商用进程的推进,移动通信正逐步走向 5G 时代。

在 5G 网络建设初期,由于频段较高、传播损耗较大等原因,很难做到全覆盖,存在 NSA (Non-standalone)/SA(Standalone)多种组网架构选择。NSA 非独立组网采用 LTE 与 5G 联合组网方式,利用现有覆盖良好的 4G 网络实现 5G NR(New Radio)的快速引入,而 SA 独立组网则可以更好地体现出 5G 技术的优势以提高服务质量,但对 5G NR 连续覆盖要求 更高,引入周期长。目前 3GPP 标准组织优先考虑非独立组网模式,预计 2017 年年底将首 先完成非独立组网标准,随后在 2018 年 7 月完成 5G 独立组网相关标准。

相应地,5G 承载网的演进不仅需考虑带宽、时延等相关网络指标的满足,还需考虑 5G 承载的灵活组网、4G/5G 共站承载及与现有网络的衔接等实际需求,4G/5G 共存组网的统 一承载是 5G 承载网演进中的关键问题。

5G 架构演进包括核心网架构演进和基站架构演进。

1)核心网架构演进

在 4G 时代,核心网大多采用省集中部署方式,面对 5G 多样化的业务需求,5G 核心网 将实现云化演进,根据低时延 uRRLC(超可靠、低时延通信)、eMBB(增强移动宽带)、 mMTC(大型机器类型通信)等不同业务需求集中部署或部分按需下沉,如图 1-12 所示,实 现更加灵活的网络架构,具体为应用网关下移、协同就近转发、流量本地终结、去中心化趋势 明显。

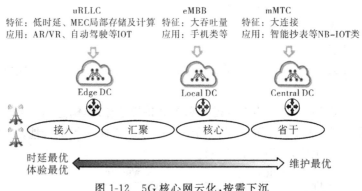

图 1-12　5G 核心网云化,按需下沉

2)基站架构演进

(1)架构变化

5G 时代对 4G BBU(室内基带处理单元)与 RRU(射频拉远模块)功能进行了重新切 分,RAN(无线接入网)划分为 AAU(Active Antenna Unit,有源天线处理单元)、DU (Distribute Unit,分布单元)、CU(Centralized Unit,集中单元)部分。CU 功能灵活部署,可 与 DU 共址部署,也可集中云化部署在 X86 服务器上。

目前 3GPP 已完成 AAU 与 DU、DU 与 CU 之间切分接口的标准化,BBU 的部分物理 层处理功能与原 RRU 合并为 AAU,BBU 非实时部分分割出来,重新定义为 CU,负责处理非实时协议和服务,BBU 剩余功能重新定义为 DU,负责处理物理层协议和实时服务,如图 1-13 所示。

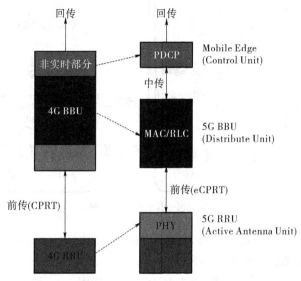

图 1-13　5G RAN 功能重划分

(2)5G 新型前传接口-eCPRI

在架构演进的基础上,5G 对基带处理功能与远端射频处理功能之间前传接口进行了新的定义。

4G 时代前传接口基于 CPRI 协议,5G 时代在大带宽、多流、MassiveMIMO 等技术发展的驱动下,传统前传 CPRI 接口对传输带宽要求太高,根据计算,5G CPRI 流量在低频 100 M/64T64R 配置下将达到 400 G,CPRI 联盟为此对前传接口重新定义 eCPRI 标准,以降低带宽要求,eCPRI 接口(5G AAU 与 DU/CU 间接口)预计最大采用 25 G 接口,支持以太封装、分组承载和统计复用。

3)5G 架构演进对承载网影响

根据以上架构的演进,5G 演进过程中,对承载网带来了以下变化。

(1)无线核心网云化带来流量流向的多元化,在 4G 时代业务流量只有 S1、X2 两种类型,且 S1 流向固定,5G 时代还将出现 DC 间流量,S1 流量根据核心网部署位置的不同,存在多流向,承载网需实现统一承载。

(2)5G RAN 的部署方式,由于 CU、DU 功能的分离,带来多种组网方式,包括传统的 D-RAN部署方式、BBU 集中的 C-RAN 部署方式及 CU 云化部署的 ClouD -RAN,如图 1-14所示。当采用 ClouD -RAN 部署方式时,5G 承载网被分割为前传(Fronthaul,AAU 到 DU)、中传(Midhaul,DU 到 CU)、回传(Backhaul,CU 到核心网)三部分。相对于 4G 承载网,5G 承载网增加了中传网络。

2. 5G 网络架构技术方向

5G 网络架构的演进可以分成 3 个步骤来实施。

首先,构建以 DC 为中心的网络云化平台,部署基于云化架构的 VNF(虚拟网络架构),引入跨 DC 部署与无状态设计,并将传统核心网业务搬迁至此云化平台;

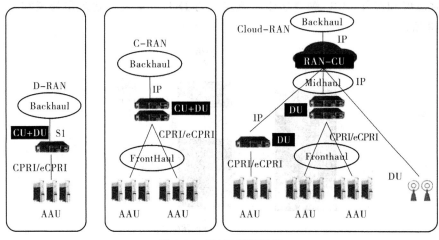

图 1-14　RAN 部署架构

其次,引入 C/U 分离,并利用 MEC 技术构建分布式网络,保障低时延业务应用。

再次,引入 SBA 架构、网络切片(Slicing)、接入无关技术(Access Agnostic),为各式各样差异化需求提供 on demand 服务,以支撑 5G 业务,如图 1-15 所示。

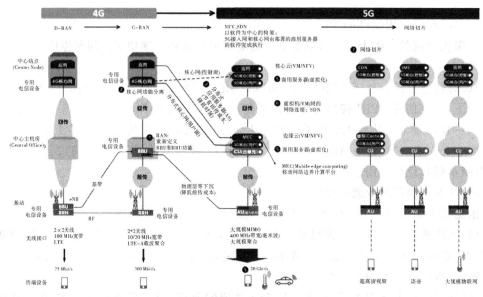

图 1-15　5G 网络架构的演进

1)5G 接入平面——异构站间协同组网

面向不同的应用场景,无线接入网由孤立管道转向支持异构基站多样(集中或分布式)的协作,灵活利用有线和无线连接实现回传,提升小区边缘协同处理效率,优化边缘用户体验速率。图 1-16 描绘了 5G 的组网关键技术。

(1) C-RAN

集中式 C-RAN 组网是未来无线接入网演进的重要方向。在满足一定的前传和回传网络的条件下,可以有效提升移动性和干扰协调的能力,重点适用于热点高容量场景布网。

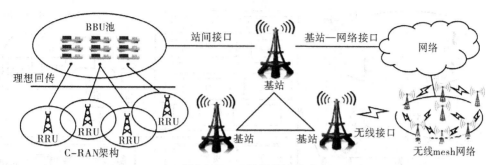

图 1-16　5G 组网关键技术

面向 5G 的 C-RAN 部署架构中,远端无线处理单元(RRU)汇聚小范围内,RRU 信号经部分基带处理后进行前端数据传输,可支持小范围内物理层级别的协作化算法。

池化的基带处理中心集中部署移动性管理,多 RAT 管理,慢速干扰管理,基带用户面处理等功能,实现跨多个 RRU 间的大范围控制协调。利用 BBU、RRU 接口重构技术,可以平衡高实时性和传输网络性能要求。

(2)D-RAN

能适应多种回传条件的分布式 D-RAN 组网是 5G 接入网的另一个重要方向。在 D-RAN组网架构中,每个站点都有完整的协议处理功能。

站点间根据回传条件,灵活选择分布式多层次协作方式来适应性能要求 D-RAN 能对时延及其抖动进行自适应,基站不必依赖对端站点的协作数据,也可正常工作。分布式组网适用于作为连续广域覆盖以及低时延等的场景组网。

(3)无线 mesh 网络

作为有线组网的补充,无线 mesh 网络利用无线信道组织站间回传网络,提供接入能力的延伸。无线 mesh 网络能够聚合末端节点(基站和终端),构建高效、即插即用的基站间无线传输网络,提高基站间的协调能力和效率,降低中心化架构下数据传输与信令交互的时延,提供更加动态、灵活的回传选择,支撑高动态性要求场景,实现易部署、易维护的轻型网络。

2)5G 数据平面—网关与业务下沉

如图 1-17 所示,通过现有网关设备内的控制功能和转发功能分离,实现网关设备的简化和下沉部署,支持"业务进管道",提供更低的业务时延和更高的流量调度灵活性。

通过网关控制承载分离,将会话和连接控制功能从网关中抽离,简化后的网关下沉到汇聚层,专注于流量转发与业务流加速处理,更充分地利用管道资源,提升用户带宽,并逐步推进固定和移动网关功能和设备形态逐渐归一,形成面向多业务的统一承载平台。

IP 锚点下沉使移动网络具备层三组大网的能力,因此应用服务器和数据库可以随着网关设备一同下沉到网络边缘,使互联网应用、云计算服务和媒体流缓存部署在高度分布的环境中,推动互联网应用与网络能力融合,更好地支持 5G 低时延和高带宽业务的要求。

3)5G 控制平面—网络控制功能重构

在网关转发功能下沉的同时,抽离的转发控制功能(NF-U)整合到控制平面中,并对原本与信令面网元绑定的控制功能(NF-C)进行组件化拆分,以基于服务调用的方式进行重构,实现可按业务场景构造专用架构的网络服务,满足 5G 差异化服务需求。控制功能重构的关键技术主要包括以下方面。

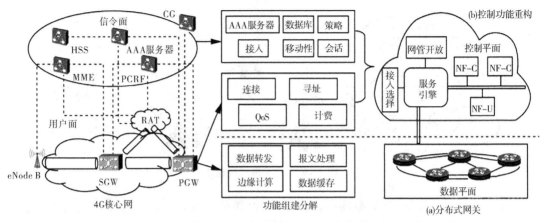

图 1-17 数据平面演进

（1）控制面功能模块化梳理控制面信令流程，形成有限数量的高度内聚的功能模块作为重构组件基础，并按应用场景标记必选和可选的组件。

（2）状态与逻辑处理分离对用户移动性、会话和签约等状态信息的存储和逻辑进行解耦，定义统一数据库功能组件，实现统一调用，提高系统的稳健性和数据完整性。

（3）基于服务的组件调用按照接入终端类型和对应的业务场景，采用服务聚合的设计思路，服务引擎选择所需的功能组件和协议（如针对物联网的低移动性功能），组合业务流程，构建场景专用的网络，服务引擎能支持局部架构更新和组件共享，并向第三方开放组网能力。

4）5G 网络服务—端到端网络切片

网络切片利用虚拟化技术将通用的网络基础设施资源根据场景需求虚拟化为多个专用虚拟网络，每个切片都可独立按照业务场景的需要和话务模型进行网络功能的定制剪裁和相应网络资源的编排管理，是 5G 网络架构的实例化。

网络切片打通了业务场景、网络功能和基础设施平台间的适配接口。通过网络功能和协议定制，网络切片为不同业务场景提供所匹配的网络功能。例如，热点高容量场景下的 C-RAN 架构，物联网场景下的轻量化移动性管理和非 IP 承载功能等。同时，网络切片使网络资源与部署位置解耦，支持切片资源动态扩容缩容调整，提高网络服务的灵活性和资源利用率。切片的资源隔离特性增强整体网络健壮性和可靠性。一个切片的生命周期包括创建、管理和撤销 3 个部分。如图 1-18 所示，运营商首先根据业务场景需求匹配网络切片模板，切片模板包含对所需的网络功能组件，组件交互接口以及所需网络资源的描述；上线时由服务引擎导入并解析模板，向资源平面申请网络资源，并在申请到的资源上实现虚拟网络功能和接口的实例化与服务编排，将切片迁移到运行态。网络切片可以实现运行状态中速功能升级和资源调整，在业务下线时及时撤销和回收资源。

针对网络切片的研究主要在 3GPP 和 ETSI NFV 产业推进组进行，3GPP 重点研究网络切片对网络功能（如接入选择、移动性、连接和计费等）的影响，ETSI NFV 产业推进组则主要研究虚拟化网络资源的生命周期管理。

当前，通用硬件的性能和虚拟化平台的稳定性仍是网络切片技术全面商用的瓶颈，运营商也正通过概念验证和小范围部署的方法稳步推进技术成熟。

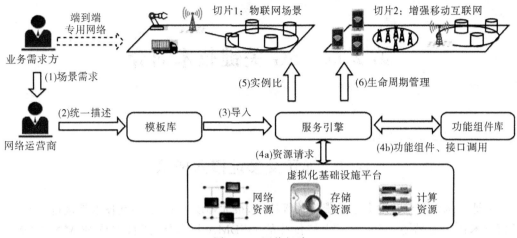

图 1-18 网络切片

第 2 章　5G 关键技术简介

2.1　非正交多址接入技术

多址技术是现代移动通信系统的关键特征,很大程度上来说,多址技术就是每一代移动通信技术的关键特点。5G 除了支持传统的 OFDMA 技术外,还将支持 SCMA、NOMA、PDMA、MUSA 等多种新型多址技术。新型多址技术通过多用户的叠加传输,不仅可以提升用户连接数,还可以有效提高系统频谱效率,通过免调度竞争接入,还可以大幅度降低时延。

我们知道 3G 采用直接序列码分多址(Direct Sequence CDMA ,DS-CDMA)技术,手机接收端使用 Rake 接收器,由于其非正交特性,就得使用快速功率控制(Fast Transmission Power Control,FTPC)来解决手机和小区之间的远—近问题。

而 4G 网络则采用正交频分多址(Orthogonal Frequency-Division Multiplexing,OFDM)技术,OFDM 不但可以克服多径干扰问题,而且和 MIMO 技术配合,极大地提高了数据速率。由于多用户正交,手机和小区之间就不存在远—近问题,快速功率控制就被舍弃,而采用 AMC(Adaptive Modulation and Coding,自适应调制编码)的方法来实现链路自适应。

NOMA 技术希望实现的是,重拾 3G 时代的非正交多用户复用原理,并将之融合于现在的 4G OFDM 技术之中。

从 2G、3G 到 4G,多用户复用技术无非就是在时域、频域、码域上做文章,而 NOMA 在 OFDM 的基础上增加了一个维度——功率域。

新增这个功率域的目的是,利用每个用户不同的路径损耗来实现多用户复用。

3G、4G 及 5G 多址技术对比,如表 2-1 所示。

表 2-1　3G、4G 及 5G 多址技术对比

	3G	3.9/4G	5G
多用户复用	Non-orthogonal (CMDA)	Orthogonal (OFDMA)	Non-orthogonal with SIC (NOMA)
信号波形	Single carrier	OFDM (or DFT-S-OFDM)	OFDM (or DFT-S-OFDM)
链路自适应	Fast TPC	AMC	AMC+Power allocation
图	Non-orthogonal assisted By power control	Orthogonal between users	Superposition &power allocation

实现多用户在功率域的复用,需要在接收端加装一个 SIC(持续干扰消除器),通过这个干扰消除器,加上信道编码(如 Turbo code 或低密度奇偶校验码(LDPC)等),就可以在接收端区分出不同用户的信号,如图 2-1 所示。

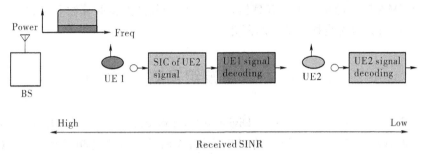

图 2-1   UE 接收端利用 SIC 的 NOMA 基本原理

NOMA 技术可以利用不同的路径损耗的差异来对多路发射信号进行叠加,从而提高信号增益。它能够让同一小区覆盖范围的所有移动设备都能获得最大的可接入带宽,可以解决由于大规模连接带来的网络挑战。

NOMA 技术在未来 5G 移动通信网络中的应用如图 2-2 所示。

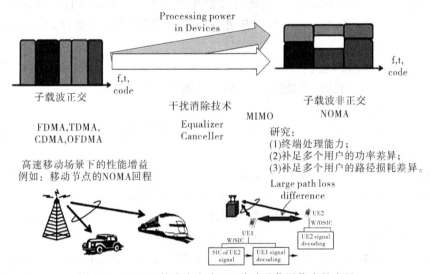

图 2-2   NOMA 技术在未来 5G 移动通信网络中的应用

NOMA 的另一优点是,无须知道每个信道的 CSI(信道状态信息),从而有望在高速移动场景下获得更好的性能,并能组建更好的移动节点回程链路。

NOMA 有两种关键技术:一种是在用户接收端,利用连续干扰消除技术进行多用户检测。另一种是在发送端进行功率域复用,根据相关算法进行功率分配。NOMA 也面临一些技术实现的问题。一方面非正交传输接收机非常复杂,SIC 接收机的设备需要芯片的信号处理技术有大的提升;另一方面,功率域复用技术还在研究阶段,后续还有很多工作要作。

稀疏编码多址接入 SCMA 技术是一种新型基于码域复用的多址方案,该方案将 QAM

调制和签名传输过程融合,输入的比特流直接映射成一个从特定码本里选出的多维 SCMA 码字,然后再以稀疏的方式传播到物理资源元素上。一组码字非正交复用,组成一个 SCMA 块,由于码字的数量大于其所占用的资源元素数量,所以可以提供高达 300% 的过载率。目前,SCMA 对于的研究主要有最佳码本设计、低复杂度接收算法研究、速率和能效研究以及 SCMA 与其他无线技术结合的研究。

2.2　FBMC(滤波组多载波技术)

在 OFDM(Orthogonal Frequency Division Muliplexing,正交频分复用技术)系统中,各个子载波在时域相互正交,它们的频谱相互重叠,因而具有较高的频谱利用率。OFDM 技术一般应用在无线系统的数据传输中,在 OFDM 系统中,由于无线信道的多径效应,从而使符号间产生干扰。为了消除符号间干扰(ISI),在符号间插入保护间隔。插入保护间隔的一般方法是符号间置零,即发送第一个符号后停留一段时间(不发送任何信息),接下来再发送第二个符号。在 OFDM 系统中,这样虽然减弱或消除了符号间干扰,由于破坏了子载波间的正交性,从而导致了子载波之间的干扰(ICI)。因此,这种方法在 OFDM 系统中不能采用。在 OFDM 系统中,为了既可以消除 ISI,又可以消除 ICI,通常保护间隔是由 CP(Cycle Prefix,循环前缀来)充当。CP 是系统开销,不传输有效数据,从而降低了频谱效率。

由于 OFDM 的不足,基于 FBMC(Filter Bank Multi-Carrier)的技术受到广泛关注,现广泛应用于图像处理、雷达信号处理、通信信号处理等诸多领域。

FBMC 具有以下优点。

(1)原型滤波器的冲击响应和频率响应可以根据需要进行设计,各载波之间不在必须是正交的,不需要插入循环前缀。

(2)能实现各子载波带宽设置,各子载波之间的交叠程度的灵活控制,从而可灵活控制相邻子载波之间的干扰,并且便于使用一些零散的频谱资源。

(3)各子载波之间不需要同步,同步、信道估计、检测等可在各子载波上单独进行处理,因此尤其适合于难以实现各用户间严格同步的上行链路。

(4)在 FBMC 技术中,发送端通过合成滤波器组来实现多载波调制,接收端通过分析滤波器组来实现多载波解调。合成滤波器组和分析滤波器组由一组并行的成员滤波器构成,期中各个滤波器都是由原型滤波器经载波调制而得到的调制滤波器。

分析滤波器组:

$$h_k(n) = h_p(n) W_M^{-nk} e^{-j2\pi(L_p-1)/2}$$

综合滤波器组:

$$g_k(n) = h_p^*(L_p - n - 1) W_M^{-kn} e^{-j2\pi(L_p-1)/2}$$

式中,* 表示共轭,h_p 为分析滤波器组原型函数,$W_M^{-nk} = e^{j2\pi nk/M}$ 为频移系数,L_p 为滤波器长度且有 $L_p = kM$,M 为滤波器个数,k 为重叠因子,n 的取值范围为自然数,即 $n = 1,2,3,\cdots$

图 2-3 为 FBMC 收发示意图。

OFDM 和 FBMC 的对比,如图 2-4 所示。

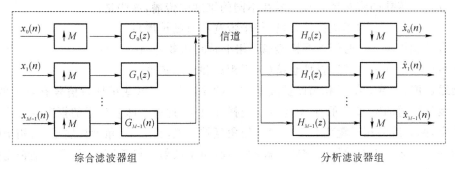

图 2-3 FBMC 收发示意图

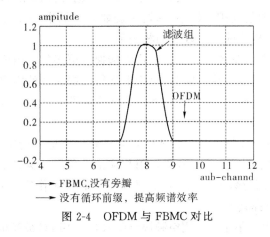

图 2-4 OFDM 与 FBMC 对比

在 FBMC 技术中,多载波性能取决于原型滤波器的设计和调制滤波器的设计,而为了满足特定的频率响应特性的要求,要求原型滤波器的长度远远大于子信道的数量,实现复杂度高,不利于硬件实现。因此,发展符合 5G 要求的滤波器组的快速实现算法是 FBMC 技术重要的研究内容。

2.3 大规模 MIMO 技术

多天线技术经历了从无源到有源,从二维(2D)到三维(3D),从高阶 MIMO(Multiple-Input Multiple-Output,多输入多输出)到大规模阵列的发展,能充分利用空间资源,增加无线信道的有效带宽,大大提升了通信系统的容量,有望实现频谱效率提升数十倍甚至更高。

所谓多天线传输技术,即在发送端和接收端均使用多根天线进行数据的发送和接收。一般来说,多天线传输和接收能够提供阵列增益、分集增益、空间复用增益、干扰抑制增益。

阵列增益是当发射端知晓信道状态信息时,通过来自发射端的多天线的相干合并效应使得接收端的信噪比增加。分集增益在无线信道中被用来对抗衰落。空间分集以空间独立衰落分支的数量为特征,也就是所知的空间分集重数,分集可降低接收机中的功率波动(或衰落)。空间多路复用使得传输速率(或容量)对同样的带宽出现线性增长而不会有附加的功率消耗。抑制干扰能力是由于无线信道中会发生共信道干扰,当使用多天线时,利用得到的信号空间特征和共信道信号之间的差别来抑制干扰。

无线信道传播的多路径导致信号在不同的维度中传播,这些是:

- 延迟扩展——频率选择性衰落(相干带宽和时延扩展);
- 多普勒扩展——时间选择性衰落(相干时间和多普勒扩展);
- 角度扩展——空间选择性衰落(相干距离和角度扩展)。

延迟扩展、多普勒扩展和角度扩展是信道的主要效应,这些扩展对信号有巨大的作用。角度扩展是信道的空间特征,它引起空间选择性衰落,这就意味着信号的幅度由天线的空间位置决定,两天线的相干距离与空间信道的角度扩展成反比——角度扩展越大,相干距离越短。"空间"意味着天线放置在空间分离的位置,由于散射环境不同,空间分离是否充分取决于环境和天线的距离。

因终端侧的角度扩展大,终端天线间隔半个波长,也可获得相对较低的空间相关值。室外基站天线高,基站侧的角度扩展较小,基站天线如果间隔半个波长,天线之间是高度相关的,需要 10 个波长的距离才能获得较低的相关值。

基站天线体积、耗电以及计算复杂度都比终端拥有更多的自由度。从实现的代价来看,典型的基站比终端拥有更多天线。同时,由于上下行数据速率的需求往往是不对称的,下行速率需求一般远高于上行速率需求,从而下行方向成为发射瓶颈,因此多天线技术的关键是下行多天线发射技术。

4G 系统采用的 OFDM 技术是一种适于在多径环境中应用的宽带传输技术,但 OFDM 系统本身并不具有分集能力,因此有必要采用相应的分集技术来获得更高的可靠性。发射分集在 4G 系统中进行高速数据传输和改善功率效率有很大作用。发射分集要求信号必须经过预处理才能充分发挥其性能。

4G 中的两天线发射分集主要采用空频块码(SFBC)。SFBC 最简单也是最好的,它采用为二天线发送设计的 Alamouti code,可以获得全部的空间分集增益,并保证编码速率为 1。

图 2-5 给出了 4G 中两个发射天线的发射分集方案。

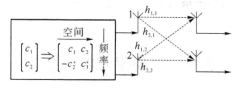

图 2-5　两个发射天线的发射分集

终端一个接收天线的接收信号为

$$\begin{pmatrix} y_1 \\ y_2 \end{pmatrix} = (h_1, h_2) \begin{pmatrix} c_1 & -c_2^* \\ c_2 & c_1^* \end{pmatrix} + \begin{pmatrix} n_1 \\ n_2 \end{pmatrix}$$

其接收判决统计量可以写为

$$\widetilde{c_1} = (|h_1|^2 + |h_2|^2)c_1 + h_1^* n_1 + h_2 n_2^*$$
$$\widetilde{c_2} = (|h_1|^2 + |h_2|^2)c_2 + h_2^* n_1 - h_1 n_2^*$$

在发射天线=2,接收天线=1 下获得 2 阶发射分集增益。

4 个天线发射分集采用的是两个 Alamouti code 的欠理想分集,即 4 个天线传输两组空频块码。

$$\begin{pmatrix} y_1 \\ y_2 \\ y_3 \\ y_4 \end{pmatrix} = (h_1\ h_2\ h_3\ h_4) \begin{pmatrix} c_1 & -c_2^* & 0 & 0 \\ c_2 & c_1^* & 0 & 0 \\ 0 & 0 & c_3 & -c_4^* \\ 0 & 0 & c_4 & c_3^* \end{pmatrix} + \begin{pmatrix} n_1 \\ n_2 \\ n_3 \\ n_4 \end{pmatrix}$$

可见 4 个天线发射也仅仅获得 2 阶的空间分集,因为 4 个频率点上的两组空频块码采用的是不同天线,空间分集转化为频率分集,但是如果没有恰当的外部编码,那么只能获得二天线发射分集一样的性能。

多天线技术领域的一个主要应用是空间复用,利用空域提高信号传输速率。空间复用是在发送端的不同天线上发送多个编码的数据流,增大容量,其带宽利用率增加。空间复用技术分为开环空间复用和闭环空间复用,其中开环空间复用不要求事先知道信道的状态信息,闭环空间复用技术则要求事先知道信道的状态信息。

开环空间复用是当信道的秩 RI>1 时,利用多天线发送多个数据流,5G 系统中的开环空间复用空间预编码为

$$\begin{pmatrix} y^{(0)}(i) \\ y^{(P-1)}(i) \end{pmatrix} = W(i)D(i)U \begin{pmatrix} x^{(0)}(i) \\ x^{(v-1)}(i) \end{pmatrix}$$

首先,进行延时(CDD)操作,大延时 CDD 矩阵 $D(i)$ 对于一个给定的信道秩 RI=v 通过 DFT 矩阵 U 进行数据流到虚天线的映射,同时完成了虚天线的选择。虚天线的选择通过码字的循环增加了频率分集增益,最后空间预编码矩阵 $W(i)$ 将各虚天线的信号映射到物理天线端口上,如图 2-6 所示。

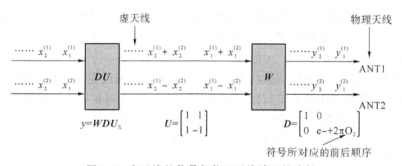

图 2-6　虚天线的信号与物理天线端口的映射

闭环空间复用技术则要求事先知道信道的状态信息(CSI),多个发送的数据流在发送之前进行预编码(pre-coding)操作,如图 2-7 所示。

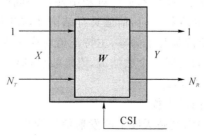

图 2-7　预编码(pre-coding)操作

发送端的最优预编码矩阵 W 是根据已知的信道 H，采用 SVD 分解 $H = U \wedge V^H$，W 为 H 的非零特征值对应的特征矢量，即 $W = V$。

假设 $\lambda_1 \geq \lambda_2 \geq \cdots \geq \lambda_v$ 是矩阵 H 的 v 个非零特征值，预编码表示为

$$\begin{pmatrix} y^{(0)}(i) \\ y^{(P-1)}(i) \end{pmatrix} = W(i) \begin{pmatrix} x^{(0)}(i) \\ x^{(v-1)}(i) \end{pmatrix} = V(i) \begin{pmatrix} x^{(0)}(i) \\ x^{(v-1)}(i) \end{pmatrix}$$

则终端接收信号为 $r = H_y + n = HV_x + n$

如果定义：

$$\tilde{x} = V^H x$$
$$\tilde{r} = U^H r$$
$$\tilde{n} = U^H n$$

则

$$\tilde{r} = \sqrt{\frac{E_s}{M_T}} \Lambda \tilde{x} + \tilde{n}$$

即

$$\tilde{r_i} = \sqrt{\frac{E_s}{M_T}} \lambda_i \tilde{x_i} + \tilde{n_l} i = 1, 2, \cdots, v$$

可见，通过 SVD(Singular Value Decomposition，奇异值分解)可以把 MIMO 信道转变为多个并行传输信道。发射的数据流应该小于信道的秩。信道的秩取决于空间分离是否充分，即取决于环境和天线的距离。当信道空间分离充分，即天线之间弱相关时，信道有几个较大的非零特征值，这些特征值提供了几个并行的信道，可以传输并行的数据流，从而增加系统的数据率。当发送端知道信道的状态信息时可以采用单独信道模式接入，每个信道的特征矢量对应一个信号空间模式，避免了信号向噪声空间发射，当发送端不知信道信息时单独信道模式是不可接入的。

闭环空间复用需终端反馈信道状态信息，反馈字节的长度是有限的，反馈的开销是应用闭环空间复用需要考虑的关键问题。5G 系统中的闭环空间复用其预编码矩阵 W 被量化为有限的矩阵，称为码本(code book)，该码本终端和基站都是知道的。首先终端根据系统设计的公共导频获得空间信道状态信息，按一定的准则从码本中选择 W，将选择的码本索引号反馈给基站。

闭环模式需跟踪信道 H 的瞬时变化，要求很高的反馈速度。量化损失和控制延迟是闭环反馈模式中主要的误差来源，快衰落信道下反馈延迟会恶化闭环模式的工作性能。如果信道变化慢，进行闭环空间复用预编码可提高链路性能。

5G 标准支持波束赋形技术，该技术是针对基站使用小间距的天线阵列，为用户形成特定指向的波束。当天线之间高度相关时，信道具有结构性，在结构化的信道中有一个很强的主特征值，其他大部分的特征值都几乎为零，主特征值对应集中了大部分的信道能量，此时，最佳的方法是在主特征值方向发射一个数据流，终端收到的信号有最大的接收功率，并降低对其他方向的干扰，如图 2-8 所示。

波束赋形降低对其他方向的干扰。

设波束赋形加权矢量为 W，基站天线上的发射信号为

$$\begin{pmatrix} y^{(0)}(i) \\ y^{(P-1)}(i) \end{pmatrix} = W_x^{(0)}(i)$$

因强相关信道是结构化的,其几何特性可以由信道的长期统计特性决定。此时,只需知道信道的统计特性,而不是信道本身,信道的协方差矩阵中能得到信道结构的长期信息:

$$R = E(H^H H)$$

波束赋形加权矢量 W 取值为协方差矩阵 R 的最大特征值对应的特征矢量,相关信道下信道协方差矩阵最大特征值对应的特征矢量与信道的方向很好地吻合。

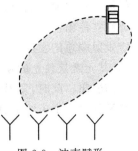

图 2-8 波束赋形

波束赋形加权矢量 W 的一个很大好处是能够由上行链路估计,也能由下行链路估计。例如,下行可以利用公共导频估计获得 H,上行可以利用解调数据的导频获得 H。因强相关信道的几何特性是随时间慢变的,且不同频率来说几何性质也是相同的,由上下行信道计算出来的协方差矩阵的特征矢量与信道的方向都能很好地吻合,而且波束赋形技术整个带宽只需计算一个波束赋形矢量。用户数据采用波束赋形后,其解调数据需要专用导频,因加权矢量 W 是任意的、非码本的,5G 系统支持用户专用导频。

在 5G 系统中,继续采用了多天线技术,并且是大规模的 MIMO 技术。

MIMO(Multiple-Input Multiple-Output,多输入多输出)技术是目前无线通信领域的一个重要创新研究项目,MIMO 系统在发射端和接收端均采用多个天线和多个通道,发射端通过空时映射将要发送的数据信号映射到多根天线上发送出去,接收端将各根天线接收到的信号进行空时译码从而恢复出发射端发送的数据信号。其基本原理如图 2-9 所示。

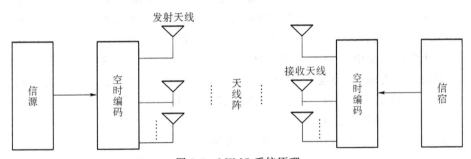

图 2-9 MIMO 系统原理

传输信息流 $S(k)$ 经过空时编码形成 M 个信息子流 $C_i(k)$,$i=1,2,\cdots,M$,这 M 个子流由 M 个天线发送出去,经空间信道后由 N 个接收天线接收,多天线接收机能够利用先进的空时编码处理技术分开并解码这些数据子流,从而实现最佳处理。MIMO 是在收发两端使用多个天线,每个收发天线之间对应一个 MIMO 子信道,在收发天线之间形成 M×N 信道矩阵 H,在某一时刻 t,信道矩阵为

$$H(t) = \begin{pmatrix} h_{1,1}{}^t & h_{2,1}{}^t & \cdots & h_{M,1}{}^t \\ h_{1,2}{}^t & h_{2,2}{}^t & \cdots & h_{M,2}{}^t \\ \vdots & \vdots & & \vdots \\ h_{1,N}{}^t & h_{2,N}{}^t & \cdots & h_{M,N}{}^t \end{pmatrix} \quad (2.1)$$

式中,H 的元素是任意一对收发天线之间的增益。

M 个子流同时发送到信道,各发射信号占用同一个频带,因而并未增加带宽。若各发射天线间的通道响应独立,则 MIMO 系统可以创造多个并行空间信道。通过这些并行的信道独立传输信息,必然可以提高数据传输速率。对于信道矩阵参数确定的 MIMO 信道,假定发射端总的发射功率为 P,与发送天线的数量 M 无关;接收端的噪声用 $N \times 1$ 矩阵 n 表示,其元素是独立的零均值高斯复数变量,各个接收天线的噪声功率均为 σ^2;ρ 为接地端平均信噪比。此时,发射信号是 M 维统计独立,能量相同,高斯分布的复向量。发射功率平均分配到每一个天线上,则容量公式为

$$C = \log_2\left[\det\left(\mathbf{I}_N + \frac{\rho}{M}\mathbf{H}\mathbf{H}^\mathrm{H}\right)\right] \tag{2.2}$$

固定 N,令 M 增大,使得 $\frac{1}{M}\mathbf{H}\mathbf{H}^\mathrm{H} \to I_N$,这时可以获得到容量的近似表达式为

$$C = N\log_2(1+\rho) \tag{2.3}$$

式中,det 代表行列式,$\mathbf{I}$、N 代表 M 维单位矩阵,$\mathbf{H}\mathbf{H}^\mathrm{H}$ 表示 H 的共扼转置。

从式(2.3)可以看出,此时的信道容量随着天线数的增加而线性增大。即可以利用 MIMO 信道成倍地提高无线信道容量,在不增加带宽和天线发射功率的情况下,频谱利用率可以成倍地提高,充分展现了 MIMO 技术的巨大优越性。

MIMO 大致可以分为两类:空间分集和空分复用。

(1)空间分集:每个发送相同的信息,对抗多径干扰。

空间分集是指利用多根发送天线将具有相同信息的信号通过不同的路径发送出去,同时在接收机端获得同一个数据符号的多个独立衰落的信号,从而获得分集提高的接收可靠性。举例来说,在瑞利衰落信道中,使用一根发射天线 n 根接收天线,发送信号通过 n 个不同的路径。如果各个天线之间的衰落是独立的,可以获得最大的分集增益为 n 。对于发射分集技术来说,同样是利用多条路径的增益来提高系统的可靠性。在一个具有 m 根发射天线 n 根接收天线的系统中,如果天线对之间的路径增益是独立均匀分布的瑞利衰落,可以获得的最大分集增为 mn。目前在 MIMO 系统中常用的空间分集技术主要有空时分组码(Space Time Block Code,STBC)和波束成形技术。STBC 是基于发送分集的一种重要编码形式,其中最基本的是针对二天线设计的 Alamouti 方案。

(2)空分复用:每个天线发送不同信息,提升传输速率,频谱利用率。

空分复用(spatial multiplexing)工作在 MIMO 天线配置下,能够在不增加带宽的条件下,相比 SISO(单输入单输出)系统成倍地提升信息传输速率,从而极大地提高了频谱利用率。在发射端,高速率的数据流被分割为多个较低速率的子数据流,不同的子数据流在不同的发射天线上在相同频段上发射出去。如果发射端与接收端的天线阵列之间构成的空域子信道足够不同,即能够在时域和频域之外额外提供空域的维度,使得在不同发射天线上传送的信号之间能够相互区别,因此接收机能够区分出这些并行的子数据流,而不需付出额外的频率或者时间资源。空间复用技术在高信噪比条件下能够极大地提高信道容量,并且能够在"开环",即发射端无法获得信道信息的条件下使用。Foschini 等人提出的"贝尔实验室分层空时"(BLAST)是典型的空分复用技术。

MIMO 通过智能使用多根天线(设备端或基站端),发射或接受更多的信号空间流,能显著提高信道容量;而通过智能波束成型,将射频的能量集中在一个方向上,可以提高信号的覆盖范围。这两项优势足以使其成为 5G NR 的核心技术之一,因此我们一直在努力推进 MIMO 技术的演化,比如从 2×2 MIMO 提高到了目前 4×4 MIMO。但更多的天线也意味

着占用更多的空间,要在空间有限的设备中容纳进更多天线显然不现实,所以,只能在基站端叠加更多 MIMO。从目前的理论来看,5G NR 可以在基站端使用最多 256 根天线,而通过天线的二维排布,可以实现 3D 波束成型,从而提高信道容量和覆盖。

MIMO 技术已经广泛应用于 WIFI、LTE 等。理论上,天线越多,频谱效率和传输可靠性就越高。

大规模 MIMO 技术可以由一些并不昂贵的低功耗的天线组件来实现,为实现在高频段上进行移动通信提供了广阔的前景,它可以成倍提升无线频谱效率,增强网络覆盖和系统容量,帮助运营商最大限度地利用已有站址和频谱资源。

下面以一个 $20\ \mathrm{cm}^2$ 的天线物理平面为例,如果这些天线以半波长的间距排列在一个个方格中,则:如果工作频段为 3.5 GHz,就可部署 16 副天线;如工作频段为 10 GHz,就可部署 169 根天线。天线阵列如图 2-10 所示。

阵列天线部署数量如图 2-11 所示。

图 2-10　天线阵列

3D-MIMO 技术在原有的 MIMO 基础上增加了垂直维度,使得波束在空间上三维赋型,可避免了相互之间的干扰。配合大规模 MIMO,可实现多方向波束赋型,如图 2-12 所示。

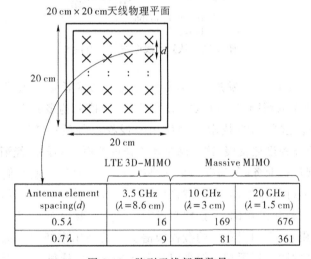

Antenna element spacing(d)	LTE 3D-MIMO	Massive MIMO	
	3.5 GHz ($\lambda=8.6\ \mathrm{cm}$)	10 GHz ($\lambda=3\ \mathrm{cm}$)	20 GHz ($\lambda=1.5\ \mathrm{cm}$)
0.5λ	16	169	676
0.7λ	9	81	361

图 2-11　阵列天线部署数量

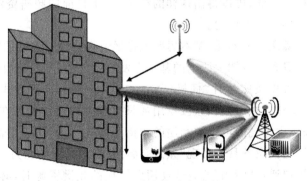

图 2-12　多方向波束赋型

2.4　认知无线电技术

认知无线电（Cognitive Radio，CR）是指一种包含一个智能收发器的无线通信技术，该收发器能智能检测出哪些波段未被占用以及哪些波段正在被使用，当检测出某些波段未被占用时，CR 系统就可以暂时使用该波段进行通信。

认知无线电技术最大的特点就是能够动态的选择无线信道。在不产生干扰的前提下，手机通过不断感知频率，选择并使用可用的无线频谱。认知无线电技术示意图如图 2-13 所示。

图 2-13　认知无线电技术示意图

随着无线通信技术的飞速发展，频谱资源变得越来越紧张。尤其是随着无线局域网（WLAN）技术、无线个人域网络（WPAN）技术的发展，越来越多的人通过这些技术以无线的方式接入互联网。这些网络技术大多使用非授权的频段（UFB）工作。由于 WLAN、WRAN 无线通信业务的迅猛发展，这些网络所工作的非授权频段已经渐趋饱和。而另外一些通信业务（如电视广播业务等）需要通信网络提供一定的保护，使它们免受其他通信业务的干扰。为了提供良好的保护，频率管理部门专门分配了特定的授权频段（LFB）以供特定通信业务使用。与授权频段相比，非授权频段的频谱资源要少很多（大部分的频谱资源均被用来做授权频段使用）。而相当数量的授权频谱资源的利用率却非常低。于是就出现了这样的事实：某些部分的频谱资源相对较少但其上承载的业务量很大，而另外一些已授权的频谱资源利用率却很低。因此，可以得出这样的结论：基于目前的频谱资源分配方法，有相当一部分频谱资源的利用率是很低的。

为了解决频谱资源匮乏的问题，基本思路就是尽量提高现有频谱的利用率。为此，人们提出了认知无线电的概念。认知无线电的基本出发点就是：为了提高频谱利用率，具有认知功能的无线通信设备可以按照某种"伺机（Opportunistic Way）"的方式工作在已授权的频段内。当然，这一定要建立在已授权频段没用或只有很少的通信业务在活动的情况下。这种在空域、时域和频域中出现的可以被利用的频谱资源被称为"频谱空洞"。认知无线电的核心思想就是使无线通信设备具有发现"频谱空洞"并合理利用的能力。

当非授权通信用户通过"借用"的方式使用已授权的频谱资源时，必须保证他的通信不会影响到其他已授权用户的通信。要做到这一点,非授权用户必须按照一定的规则来使用所发现的"频谱空洞"。在认知无线电中,这样的规则是以某种机器可理解的形式(如 XML 语言)加载到通信终端上。由于这些规则可以随时根据频谱的利用情况、通信业务的负荷与分布等进行不断的调整,因此通过这些规则,频谱管理者就能以更为灵活的方式来管理宝贵的频谱资源。

1. CR 的特点

(1)对环境的感知能力。

(2)对环境变化的学习能力。

(3)对环境变化的自适应性。

(4)通信质量的高可靠性。

(5)对频谱资源的充分利用。

(6)系统功能模块的可重构性。

2. CR 的关键技术

(1)频谱检测技术。

(2)自适应频谱分配技术。

其中自适应频谱分配技术又包括:载波分配技术、子载波功率控制技术、复合自适应传输技术。

3. CR 的应用场景

考虑一个工作在非授权频段(如免授权国家信息基础设施频段)的无线通信终端(遵循 Wi-Fi 规范)。在其工作的免授权国家信息基础设施(U-NII)频段,通信业务非常繁忙(近乎达到饱和状态)。这样的工作频段已无法满足其他通信终端新的业务请求。鉴于这种情况,频谱管理机构(如 FCC)将选择利用率较低的其他已授权频段(如电视广播频段中若干未被使用的频谱资源)。这样的频段可以被暂时用来支持非授权频段上那些未能接入其系统的通信业务。为此,频谱管理机构将生成一套使用已授权频段的法规(这些法规将指导并约束着非授权用户去合理地使用授权频段)。这些法规由频谱管理机构以某种机器可以理解的方式发布。

具有认知无线电功能的非授权用户定期地搜索并下载相应的频谱使用法规。获得最新的频谱使用法规之后,非授权用户将根据这些法规,对自身的通信机制进行调整(通信机制可能包括:工作的频段、发射功率、调制解调方式以及多址接入策略等)。为了使周边的通信终端尽快获得更新了的法规,获得最新法规的终端还将其所获得的法规广播出去。当然,对那些不具备认知无线电能力的通信终端来说,这样的广播信息将被忽略。

对于具有认知能力的通信终端,除了获得最新的频谱使用规则外,另外一项很重要的工作就是完成对"频谱空洞"的检测。对"频谱空洞"的检测实际上就是完成对周边通信环境的认知。根据检测到的"频谱空洞"的特性(如"空洞"的带宽等)和获得的频谱使用法规,通信终端产生出合理使用该"空洞"的具体行为。

以工作在非授权频段的无线局域网通信终端为例,可以说明认知无线电的可能的应用场景。当然,从认知无线电的定义可以看出认知无线电的概念涵盖面极宽,其应用场景绝不仅限于此。

认知无线电技术在宽带无线通信系统中有着广泛的用途。基于 IEEE 802.11b/g 和

IEEE 802.11a 的无线局域网设备工作在 2.4 GHz 和 5 GHz 的不需授权的频段上。然而在这个频段上,可能受到包括蓝牙设备、HomeRF 设备、微波炉、无绳电话以及其他一些工业设备的干扰。具有认知功能的无线局域网可以通过接入点对频谱的不间断扫描,从而识别出可能的干扰信号,并结合对其他信道通信环境和质量的认知,自适应地选择最佳的通信信道。另外,具有认知功能的接入点,在不间断正常通信业务进行的同时,通过认知模块对其工作的频段以及更宽的频段进行扫描分析,从而可以尽快地发现非法的恶意攻击终端。这样的技术可以进一步增强通信网络的安全性。同样,将这样的认知技术应用在其他类型的宽带无线通信网络中也会进一步提高系统的性能和安全性。

2.5 多技术载波聚合

在 4G 移动网络时代,智能终端更加普及,移动应用 APP 频频出新,用户更习惯也更愿意使用手机看视频、购物和社交,移动流量随之爆炸式增长。现有网络技术将无法支撑数据洪流。

1. 载波聚合的发展过程

载波聚合在 3GPP LTE 标准中从无到有,持续增强。在 Rel-10 版本中,引入载波聚合技术,规定最多聚合 5 个成员载波,可以为用户在高速移动状态下提供 100 Mbit/s 和低速移动状态下提供 1 Gbit/s 的峰值速率,支持频段内连续载波聚合和频段间载波聚合。

随着上行业务需求的进一步凸显,Rel-11 版本对载波聚合技术进行增强,增加了更多的 CA 配置,对频段间的上行载波聚合技术进行研究和标准化,探讨了可能的载波聚合技术优化方案。考虑到未来网络融合的发展,Rel-12 版本支持在 TDD 和 FDD 融合组网的情况下,TDD 和 FDD 分别作主载波,并对物理层和 MAC 层技术进一步增强。为进一步提升用户随时随地的感知,Rel-13 版本定义了最多可以支持 32 个载波的 CA(eCA)。

eCA 通过汇聚多个载波,提供更大带宽,实现随时随地高速数据传输功能。主要适用于多制式、多层网覆盖的热点区域,满足大数据量用户随时随地高速数据传输的需求,提高用户感知。增加到 32 个载波后,在更多的载波范围内不但可以提升用户速率,同时也可以提升网络的综合性能,比如多小区的协同 CA 负载均衡、CA 动态辅载波选择(载波间节能)、多小区联合接纳等。

载波聚合是目前 4G LTE 以及 4.5G 系统的标志性技术。它能把零碎的 LTE(长期演进技术)频段合成一个"虚拟"的更宽的频段,以提高数据传输速率。载波聚合技术可以充分整合利用丰富的 LTE 频谱资源,有利于进一步发挥 LTE 的技术优势,改善用户感知,并高效实现不同载波间的负载均衡。同时载波聚合技术可以使运营商利用现有的网络硬件资源,实现现有网络上行和下行速率的倍增,以及网络能力和客户感受的提升。

载波聚合技术可以更为通俗地理解为,多个独立的车道(载波)合并成一个车道,从而提高了行车速度。在单位时间里,同一方向的车流量(类比用户的上/下载速率)将成倍增加。通过载波聚合,无线系统可以将多个不同的频段进行整合,灵活地使用连续或非连续的频谱,将带宽扩展到 100 MHz(聚合 5 个成员载波)甚至更多,峰值速率超过 1 Gbit/s。

2. 载波聚合的类型

载波聚合主要分为带内(intra-band)聚合和带间(inter-band)聚合。在带内聚合中,载波聚合一般在连续频谱上实现,但为了更好地利用独立分布的频谱碎片,载波聚合也支持在非连续频谱上实现。由于各运营商拥有的频段资源较复杂,离散的频段较多,载波聚合还支持带间聚合,它将散落在不同频带内的载波合并在一起,当作一个较宽的频带使用,通过统一的基带处理实现离散频带的同时传输。

3. 载波聚合的设计方案

载波聚合系统中,将同时为一个 UE(用户设备)服务的多个成员载波分为主成员载波(Primary Component Carrier,PCC)和辅成员载波(Secondary Component Carrier,SCC)。PCC 对应的小区称为主小区(PCell),继承 LTE 服务小区的全部功能,UE 在其上建立 RRC(无线资源控制)连接,包括初始呼叫建立、RRC 重建、切换等。SCC 对应的小区称为辅小区(SCell),分配给连接态配置了 CA 的 UE,以便提供额外资源,用于承担数据传输功能。一个成员载波为 UE 提供服务即成为服务小区(Serving cell)。对于一个连接态配置了 CA 的 UE,服务小区是一个集合,包括了一个 Pcell 和多个 Scells。对于一个未配置 CA 的 UE,则只有一个服务小区,即 Pcell。从 UE 角度来说,UE 在哪个小区随机接入,哪个小区就是主小区,如图 2-14 所示。

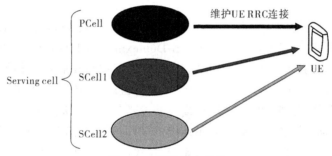

图 2-14 载波聚合系统

载波聚合技术在 MAC 层聚合,每个成员载波分别作为一个独立的传输块,拥有独立的 HARQ(混合自动重传请求)进程和 ACK/NACK 反馈。各个载波使用独立的链路自适应技术,可以根据自身的链路状况使用不同的调制编码方案。MAC 层聚合有诸多方面的优势:首先,每个载波独立设计,维持其原来的物理结构,包括特殊载波的位置、链路自适应和 HARQ;其次,可复用 LTE 系统的结构设计,其链路自适应效果明显,且具有良好的 HARQ 性能;此外,与 LTE 系统有较好的后向兼容性,可以支持 LTE 系统的软硬件设备。

4. 载波聚合的省电机制

伴随着网络技术的发展,绿色环保越来越引起大家的重视,载波聚合为节省用户的耗电量,提供了 SCell 的激活/去激活机制。对同一个 gNB 下的不同 UE 来说,它们的辅小区集合可能是不同的。辅小区可以处于激活或去激活状态,且辅小区之间的状态相互独立。处于激活状态的辅小区参与数据传输,UE 会通过该辅小区收发数据,但由于 PUCCH 资源较少,所有来自辅小区的下行反馈,包括下行 HARQ 反馈都只能通过主小区的 PUCCH 来传输。处于去激活状态的辅小区不参与数据传输,UE 只对其进行必要的简单测量。

辅小区的激活过程基于 MAC 控制消息,去激活过程可以基于 MAC 控制消息,也可以基于去激活定时器。当用户对速率和带宽有需求时,系统根据不同的激活策略(业务速率、QoS、RLC 拥塞、PRB 利用率、MCS 等)激活辅小区,并且能够在用户完成业务后,根据相应的策略实施对辅小区进行去激活,避免资源不必要的浪费,保证资源的最大化利用。当辅小区处于激活状态时会消耗 UE 更多的电量,恰当地使辅小区处于去激活状态也可以在一定程度上节约 UE 的功耗,这有利于延长 UE 的使用时间。

5. 载波聚合对网络性能的提升

应用载波聚合技术,可以在多方面提升网络性能。首先,提供更高的速率,显著提升用户体验,通过载波聚合,UE 可基于实时的业务和 QOS 需求,在 TTI 级别上分享各成员载波的无线资源。其次,通过用户的业务特性以及 QoS、小区负荷、不同 band 之间的覆盖差异等因素进行判断,获得最大的增益,负载均衡效率更高,减少切换、降低掉话率。并且当在 PCell 和 SCell 上开启频选调度(FSS)功能时,可以实现大约 10% 的小区平均吞吐量增长。

未来的网络是一个融合的网络,载波聚合技术不但要实现 LTE 内载波间的聚合,还要扩展到与移动通信、WIFI 等网络的融合。

多技术载波聚合技术与 HetNet 一起,终将实现万物之间的无缝连接。

2.6 CCFD 同时同频全双工技术

双工方式是指区分收发双向链路的方式,分为频分双工(Frequency Division Duplexing,FDD)和时分双工(Time Division Duplexing,TDD)两种不同的双工方式,FDD 是在分离的两个对称频率信道上进行接收和发送,用保护频段来分离接收和发送信道,所以 FDD 必须采用成对的频率,依靠频率来区分上下行链路,其单方向的资源在时间上是连续的;TDD 用时间来分离接收和发送信道,接收和发送使用同一频率载波的不同时隙作为信道的承载,其单方向的资源在时间上是不连续的,时间资源在两个方向上进行了分配。

首先了解一下传统的 TDD 和 FDD 双工方式的特点,TDD 双工方式的工作特点使 TDD 具有如下优势:

(1)能够灵活配置频率,使用 FDD 系统不易使用的零散频段;

(2)可以通过调整上下行时隙转换点,提高下行时隙比例,能够很好地支持非对称业务;

(3)具有上下行信道一致性,基站的接收和发送可以共用部分射频单元,降低了设备成本;

(4)接收上下行数据时,不需要收发隔离器,只需要一个开关即可,降低了设备的复杂度;

(5)具有上下行信道互惠性,能够更好地采用传输预处理技术,如预 RAKE 技术、联合传输(JT)技术、智能天线技术等,能有效地降低移动终端的处理复杂性。

但是,TDD 双工方式相较于 FDD,也存在明显的不足:

(1)由于 TDD 方式的时间资源分别分给了上行和下行,因此 TDD 方式的发射时间大约只有 FDD 的一半,如果 TDD 要发送和 FDD 同样多的数据,就要增大 TDD 的发送功率;

(2)TDD 系统上行受限,因此 TDD 基站的覆盖范围明显小于 FDD 基站;

(3)TDD 系统收发信道同频,无法进行干扰隔离,系统内和系统间存在干扰;

(4)为了避免与其他无线系统之间的干扰,TDD 需要预留较大的保护带,影响了整体频谱利用效率。

TDD 和 FDD 工作原理有很多相同的地方,但也有不同之处。

FDD 是在分离的两个对称频率信道上进行接收和发送,用保护频段来分离接收和发送信道。FDD 必须采用成对的频率,依靠频率来区分上下行链路,其单方向的资源在时间上是连续的,如图 2-15 所示。

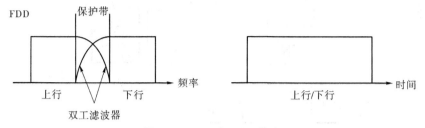

图 2-15 TDD 与 FDD 特点

FDD 在支持对称业务时,能充分利用上下行的频谱,但在支持非对称业务时,频谱利用率将大大降低。

TDD 用时间来分离接收和发送信道。在 TDD 方式的移动通信系统中,接收和发送使用同一频率载波的不同时隙作为信道的承载,其单方向的资源在时间上是不连续的,时间资源在两个方向上进行了分配,如图 2-16 所示。

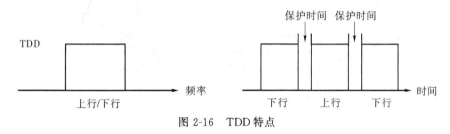

图 2-16 TDD 特点

某个时间段由基站发送信号给移动台,另外的时间由移动台发送信号给基站,基站和移动台之间必须协同一致才能顺利工作。

在 5G 系统中,在空中接口采用了全双工技术,也称为同时同频全双工(CCFD,Co-time Co-frequency Full Duplexing)技术(后面简称"全双工"),全双工技术能够使通信终端设备在相同频率同时收发电磁波信号,相对于现在广泛应用的时分双工和频分双工,频谱效率有望提升一倍,同时还能有效降低端到端的传输时延和减小信令开销。当全双工技术采用收发独立的天线时,由于收发天线距离较近并且收发功率信号差异巨大,在接收天线处,同时同频信号(自干扰)会对接收信号产生强烈干扰。因此,全双工技术的核心问题就是如何有效地抑制和消除强烈的自干扰。

从目前从自干扰消除的研究成果来看,全双工系统主要采用物理层干扰消除的方法。全双工系统的自干扰消除技术主要包括天线自干扰消除、模拟电路域自干扰消除、数字域自干扰消除方法。天线自干扰消除方法主要依靠增加收发天线间损耗包括分隔收发信号、隔离收发天线、天线交叉极化、天线调零法等;模拟电路域自干扰消除主要包括环形器隔离,通过模拟电路设计重建自干扰信号并从接收信号中直接减去重建的自干扰信号等;数字域自干扰消除方法主要依靠对自干扰进行参数估计和重建后,从接收信号中减去重建的自干扰来消除残留的自干扰;全双工终端自干扰消除方法的原理如图 2-17、图 2-18 所示。

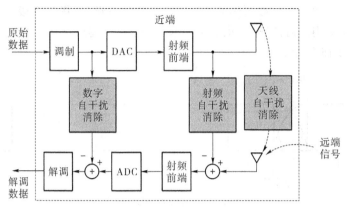

图 2-17　全双工终端自干扰消除原理 1

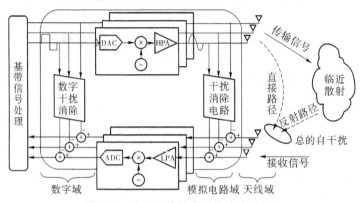

图 2-18　全双工终端自干扰消除原理 2

　　目前的研究通过自干扰消除技术的联合应用,在特定场景下,能够消除大部分自干扰(约 120 dB),但是研究中的实验系统基本上是单基站、少天线和小带宽,并且干扰模型较为简单,对多小区、多天线、复杂干扰模型下的全双工系统缺乏深入的理论分析和系统的实验验证。因此,在多小区、多天线、大带宽、复杂干扰模型等背景下,更加实用的自干扰消除技术需要进一步深入研究。

　　目前,关于全双工技术的研究除了自干扰消除技术外,还包括其他方面的内容,例如:设计低复杂度的物理层干扰消除的算法,研究全双工系统功率控制与能耗控制问题,将全双工技术应用于认知无线网中,使次要节点能够同时感知与使用空闲频谱,减少次要节点之间的碰撞,提高认知无线网的性能;将全双工技术应用于异构网络中,解决无线回传问题;将全双工技术同中继技术相结合,能够解决当前网络中隐藏终端问题、拥塞导致吞吐量损失问题以及端到端时延问题;将全双工中继与 MIMO 技术结合,联合波束赋形的最优化技术,提高系统端到端的性能和抗干扰能力。

　　为了使全双工技术在未来的无线网络中得到广泛的实际应用,对于全双工的研究,仍有很多工作需要完成,不仅需要不断深入的研究全双工技术的自干扰问题,还需要更加全面的思考全双工技术所面临的机遇和挑战,包括设计低功率、低成本、小型化的天线来消除自干扰;解决全双工系统物理层的编码、调制、功率分配、波束赋形、信道估计、均衡、解码问题;设计介质访问层及更高层次的协议,确定全双工系统中干扰协调策略、网络资源管理以及全双工帧结构;全双工技术与大规模多天线技术的有效结合与系统性能分析等。

2.7 SDR

SDR 技术被誉为通信领域的第三次革命。第一次革命是 1G 通信系统,由有线通信到无线通信的革命;第二次革命是 2G 通信系统,由模拟通信到数字通信的革命。SDR 是未来通信系统的发展趋势。

SDR 即 Software Defined Radio,软件无线电。是一种无线电广播通信技术,通俗来讲,SDR 就是基于通用的硬件平台上用软件来实现各种通信模块。

概念中有两个关键词,"通用硬件平台"和"软件"。"通用硬件平台"就是说我们能基于这个硬件平台实现各种各样的通信功能,而不是说一个硬件平台只能实现一种通信功能。"软件"来实现通信模块是相对于传统的无线电技术来讲的,传统的无线电通信模块都是用硬件电路来设计,一个通信电路只能完成一种通信功能,开发周期长,开发成本高,而且一旦设计好功能后就无法改变。软件化可以加快通信模块的开发速度,降低开发成本,便于调试和维护。

我们可以用图 2-19 来简单看看软件无线电基站与传统的无线电基站的区别。图片左边的是传统的大基站,图片右边的是基于软件无线电的小型化基站。传统的商用基站体积较大,需要设计很多专用的硬件电路;而 SDR 基站体积较小,大部分通信功能由软件实现。

(a)商用大基站   (b)SDR小基站

图 2-19   传统的无线电基站与软件无线电基站的区别

软件无线电基站基于软件定义的无线通信协议而非通过硬连线实现。频带、空中接口协议和功能可通过软件下载和更新来升级,而不用完全更换硬件。

所谓软件无线电,其关键思想是构造一个具有开放性、标准化、模块化的通用硬件平台,各种功能,如工作频段、调制解调类型、数据格式、加密模式、通信协议等,用软件来完成,并使宽带 A/D 和 D/A 转换器尽可能靠近天线,以研制出具有高度灵活性、开放性的新一代无线通信系统。可以说这种平台是可用软件控制和再定义的平台,选用不同软件模块就可以实现不同的功能,而且软件可以升级更新。其硬件也可以像计算机一样不断地更新模块和升级换代。由于软件无线电的各种功能是用软件实现的,如果要实现新的业务或调制方式只要增加一个新的软件模块即可。同时,由于它能形成各种调制波形和通信协议,故还可以与旧体制的各种电台通信,大大延长了电台的使用周期,也节约了成本开支。

SDR 系统可以分为多种类别,比较通用的 SDR 系统分类是以 SDR 的硬件平台来分类。SDR 系统分为三类:基于 FPGA 的 SDR 系统,基于 DSP 的 SDR 系统和基于 GPP 的 SDR 系统。

1)FPGA-BasedSDR 系统

基于 FPGA 平台开发的 SDR 系统,实时处理能力强,但是开发难度大,开发成本也高。这里强调一下在 SDR 系统中对实时处理能力要求很高,我们以 LTE 系统为例,LTE 系统的子帧长 1 ms,也就是说我们的 SDR 系统必须在 1 ms 内把这一子帧的数据全部处理完并发送出去,不能有任何时延。通信系统带宽越大,吞吐率越高,对系统的实时性要求就越高。

2)DSP-BasedSDR 系统

基于 DSP 平台开发的 SDR 系统,实时性比 FPGA 略差,而且同样的开发难度大,开发成本也高。

3)GPP-BasedSDR 系统

GPP 即 General Purpose Processor,通用处理器。我们可以简单地把 GPP 理解为电脑,即我们使用的台式机、笔记本等。基于 GPP 能高效地开发各种通信模块、通信系统,因为我们可以很方便的基于各种高级编程语言、各种链接库来实现各种通信功能,如编码、调制等。而且,基于 GPP 的 SDR 系统开发相比其他两种具有较低的开发门槛,较低的开发成本,开发周期也较短、便于调试等。GPP-Based SDR 系统是目前最为通用的一种 SDR 系统实现形式。

SDR 具有以下特性:

(1)具有很强的灵活性。软件无线电可以通过增加软件模块,很容易地增加新的功能。它可以与其他任何电台进行通信,并可以作为其他电台的射频中继。可以通过无线加载来改变软件模块或更新软件。为了减少开支,可以根据所需功能的强弱,取舍选用的软件模块。

(2)具有较强的开放性。软件无线电由于采用了标准化、模块化的结构,其硬件可以随着器件和技术的发展而更新或扩展。软件也可以随需要而不断升级。软件无线电不仅能和新体制电台通信,还能与旧式体制电台相兼容。这样,既延长了旧体制电台的使用寿命,也保证了软件无线电本身有很长的生命周期。

2.8 毫米波

移动通信传统工作频段主要集中在 3 GHz 以下,这使得频谱资源十分拥挤,而在高频段(如毫米波、厘米波频段)可用频谱资源丰富,能够有效缓解频谱资源紧张的现状,可以实现极高速短距离通信,支持 5G 容量和传输速率等方面的需求。

我们知道,频率越高,能传输的信息量也就越大,也就是体验到的网速更快。正是因为这一优势,我们把目光聚焦在了频率极高的毫米波上(目前毫米波主要应用于射电天文学、遥感等领域)。什么是毫米波?频率在 30～300 GHz,波长范围 1～10 mm。

由于足够量的可用带宽,较高的天线增益,毫米波技术(图 2-20)可以支持超高速的传输率,且波束窄,灵活可控,可以连接大量设备。

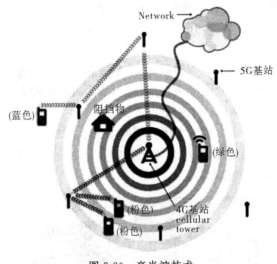

图 2-20　毫米波技术

　　蓝色手机处于 4G 小区覆盖边缘,信号较差,且有建筑物(房子)阻挡,此时,就可以通过毫米波传输,绕过建筑物阻挡,实现高速传输。

　　同样,粉色手机同样可以使用毫米波实现与 4G 小区的连接,且不会产生干扰。

　　当然,由于绿色手机距离 4G 小区较近,可以直接和 4G 小区连接。

　　全新 5G 技术正首次将频率大于 24 GHz 以上频段(通常称为毫米波)应用于移动宽带通信。大量可用的高频段频谱可提供极致数据传输速度和容量,这将重塑移动体验。但毫米波的利用并非易事,使用毫米波频段传输更容易造成路径受阻与损耗(信号衍射能力有限)。通常情况下,毫米波频段传输的信号甚至无法穿透墙体,此外,它还面临着波形和能量消耗等问题。

　　不过,我们已经在天线和信号处理技术方面取得了一些进展。通过利用基站和设备内的多根天线,配合智能波束成型和波束追踪算法,可以显著提升 5G 毫米波覆盖范围,排除干扰。同时,5G NR 还将充分利用 6 GHz 以下频段和 4G LTE,让毫米波的连接性能更上一层。

2.9　超宽带频谱

　　信道容量与带宽和 SNR 成正比,为了满足 5G 网络 Gbit/s 级的数据传输速率,需要更大的带宽。

　　频率越高,带宽就越大,信道容量也越高。因此,高频段连续带宽成为 5G 的必然选择。

　　得益于一些有效提升频谱效率的技术(比如:大规模 MIMO),即使是采用相对简单的调制技术(比如 QPSK),也可以实现在 1 GHz 的超带宽上实现 10 Gbit/s 的传输速率。

2.10　超密度异构网络

　　在未来的 5G 通信中,无线通信网络正朝着网络的多元化、宽带化、综合化、智能化的方向演进。随着各种智能终端的普及,数据流量将出现井喷式的增长。未来数据业务将主要分布在室内和热点地区,这使得超密集网络成为实现未来 5G 的 1 000 倍流量需求的主要手段之一。

超密集网络(图 2-21)能够改善网络覆盖,大幅度提升系统容量,并且对业务进行分流,具有更灵活的网络部署和更高效的频率复用。未来,面向高频段大带宽,将采用更加密集的网络方案,部署小小区/扇区将高达 100 个以上。

超密集网络提出了一个概念称为立体分层网络。立体分层网络(HetNet)是指,在宏蜂窝网络层中布放大量微蜂窝(Microcell)、微微蜂窝(Picocell)、毫微微蜂窝(Femtocell)等接入点,来满足数据容量增长的要求。

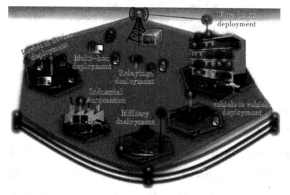

图 2-21　超密集网络

到了 5G 时代,更多的物—物连接接入网络,HetNet 的密度将会大大增加。

2.11　D2D

随着科学技术的发展,智能终端设备的种类越来越多,如智能手表、智能手环、智能手机、可穿戴设备等,并且这些设备具有很强的无线通信能力,通过 Wi-Fi、蓝牙蜂窝网络通信技术实现终端设备间的直接通信。另外,未来网络将会面临移动数据流量的爆炸性增长,海量的终端设备急需连接以及频谱资源濒临匮乏等问题。由于设备到设备通信(D2D)具有潜在的减轻基站压力、提升系统网络性能、降低端到端时延、提高频谱效率的潜力。因此 D2D 是未来 5G 关键技术之一。

D2D(Device to Device)技术是指通信网络中近邻设备之间直接交换数据信息的技术。在通信系统或网络中,一旦 D2D 通信链路建立起来,传输数据就无须核心设备或中间设备的干预,这样可降低通信系统核心网络的压力,大大提升频谱利用率和吞吐量,扩大了网络容量。

传统的蜂窝通信系统的组网方式是以基站为中心实现小区覆盖,而基站及中继站无法移动,其网络结构在灵活度上有一定的限制。随着无线多媒体业务不断增多,传统的以基站为中心的业务提供方式已无法满足海量用户在不同环境下的业务需求。

D2D 技术无须借助基站的帮助就能够实现通信终端之间的直接通信,拓展网络连接和接入方式。由于短距离直接通信,信道质量高,D2D 能够实现较高的数据速率、较低的时延和较低的功耗;通过广泛分布的终端,能够改善覆盖,实现频谱资源的高效利用;支持更灵活的网络架构和连接方法,提升链路灵活性和网络可靠性。

由于其优越的特点以及结合未来网络发展的需求和趋势。人们已经开始研究 D2D 通信的应用场景,目前,D2D 采用广播、组播和单播技术方案,在智慧城市 D2D、智能家居 D2D,各个家用电器直接进行数据交换、车载 D2D、可穿戴设备 D2D 等场景应用广泛。比如将 D2D 应用于未来车辆中,未来车联网需要车—车、车—路、车—人的频繁交互的短信通信,通过 D2D 技术可以提供短时延、短距离、高可靠的 V2X 通信;还有基于多跳 D2D 组建 ad hoc 网络,如果通信网络基础设施被破坏,终端之间仍能建立连接,保证终端间的通信;此外,就是蜂窝与 D2D 异构网络,如图 2-22 所示。

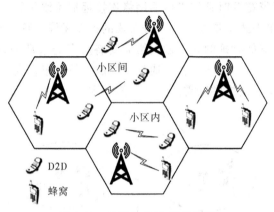

图 2-22　蜂窝与 D2D 异构网络

在系统基站的控制下,D2D 通信复用蜂窝小区用户的无线资源,保证 D2D 带给小区的干扰在可接受范围内,减轻基站压力,提高频谱效率。

为了更好地应用 D2D 通信技术,人们需要重点解决 D2D 通信潜在的技术难点。首先,D2D 发现技术,需要检测和识别邻近 D2D 终端用户,进而建立 D2D 通信链路。由于蜂窝网络中的 D2D 通信技术势必会对蜂窝通信带来额外干扰,所以高效的无线资源分配和干扰管理方案是至关重要的,通过高效的调度和管理无线资源以及控制 D2D 用户的发射功率等方法,降低 D2D 通信对蜂窝小区带来的干扰。最后,通信模式切换也是特别关注的研究点之一,因为它将决定着是否能够提高系统的频谱效率,并且影响蜂窝用户和 D2D 用户之间的干扰程度。现在人们已经考虑 D2D 用户间的干扰、路径损耗、信道质量和距离等因素,制定用户通信模式切换准则。

由于 D2D 通信技术具有提升网络性能、优化网络架构等优点,已经引起了研究人员的广泛关注,也取得了一些成果,但还存在一些问题和挑战没有解决,比如在通信模式切换方面,大多数文献没有考虑用户的移动性,而在实际环境中,用户处于移动状态,这样会对通信模式切换产生比较大的影响。还有在资源分配和干扰管理方面,人们比较趋向于 D2D 通信链路固定的复用上行链路或者下行链路,而没有考虑根据蜂窝上下行链路的情况动态的决定 D2D 通信链路复用何种蜂窝通信链路,此外,对于潜在的基于 D2D 通信技术的网络场景还需进一步设计,而新型的网络场景中会引进新的资源分配问题和干扰问题,因此,新型的资源分配和干扰管理方案也值得深入研究。

2.12 C-RAN

4G 中广泛采用的还是传统蜂窝结构式的无线接入网,尽管采用了一些先进的技术,仍然无法满足不断增长的用户和网络需求,接入网络越来越成为影响用户体验的瓶颈。这迫使运营商在下一代移动通信网络中找到一种显著提高系统容量、减少网络拥塞、成本效益较高的接入网架构。结合集中化和云计算,新型的基于云的无线接入网架构(C-RAN)的提出能有效解决上述问题。

如图 2-23 所示,C-RAN 架构主要看 3 个组成部分:由远端无线射频单元和无线组成的分布式无线网络;由高带宽低时延的光传输网络连接远端无线射频单元;由高性能处理器和实时虚拟技术组成的集中式基带处理池。分布式的远端无线射频单元提供了一个高容量广覆盖的无线网络,高带宽低时延的光传输网络需要将所有的基带处理单元和远端射频单元连接起来。基带池有高性能处理器构成,通过实时虚拟技术组合在一起,集合成异常强大的处理能力来为每个虚拟基站提供所需的处理性能需求。

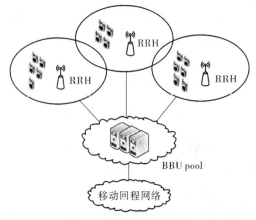

图 2-23　无线接入网架构

集中化的 BBU 池可以使 BBU(Building Base band Unite,室内基带处理单元)高效的利用,从而减少调度与运行的消耗。C-RAN 的主要优点如下所述。

适应非均匀流量。通常一天中业务量峰值负荷是非峰值时段的 10 倍多。由于在 C-RAN 的架构下多个基站的基带处理是在集中 BBU 池进行,总体利用率可提高。所需的基带处理能力的池预计将小于单基站能力的总和。作为基站的布局功能,分析表明,相比传统的 RAN 架构,C-RAN 架构下 BBU 的数量可以减少很多。

能量和成本节约。采用 C-RAN 使电力成本减少,如在 C-RAN 的 BBU 数量相比传统无线接入网减少了。在低流量期间(夜间),池中的一些 BBU 可以关掉,不影响整体的网络覆盖。此外,RRH(Remote Radio Head)是悬挂在桅杆上,能够自然冷却,从而减少电量消耗。

增加吞吐量,减少时延。BBU 池的设计使基带资源集中化,网络可以自适应的均衡处理,同时可以对大片区域内的无线资源进行联合调度和干扰协调,从而提高频谱利用率和网络容量。有文献提出了一种下行链路天线选择优化方案,基于 C-RAN 表面比传统的天线选择方案的优点多。在时延方面,由于切换是在 BBU 池中进行的而不是基站之间进行的,这样可以减少切换时间。

缓解网络升级和维护。每当有硬件故障和升级需要时,人为干预也只需要在少数的几个 BBU 池进行,这刚好与传统无线接入网相反。由于硬件通常需要放在几个集中的地点,C-RAN 与虚拟 BBU 池提出能够使新的标准方式平稳引入。

目前,C-RAN 的研究和挑战有如下 3 个方向。

(1)基于光网络的无线信号传输。由于 C-RAN 架构由分布式 RRH 和集中式 BBU 组成,因此如何实现低成本、高带宽、低时延的光传输网络成为 C-RAN 的一个挑战。

(2)动态无线资源分配和协作式无线处理。C-RAN 系统的一个主要目标就是显著提高频谱效率,并提高小区边缘用户吞吐量。C-RAN 将采用有效的多小区联合资源分配和协作式的多点传输技术,可以提高系统频谱效率。

(3)云计算应用于虚拟化技术。通信硬件和软件的虚拟化都会为通信网络和协议带来新的挑战,特别是在大规模协作信号处理和云计算中。目前,致力于无线接入虚拟化方面的云计算得到的关注较少,包括物理层的信号处理,MAC 层的调度和资源分配以及网络层的自组织无线资源管理等。因此,将云计算运用于无线接入虚拟化将是未来一个重要的研究方向。

2.13　动态 TDD

5G 网络的关键特征将会是超密集小小区部署(小区半径小于几米)和不同的从超低时延到千兆速率的需求。基于 TDD(Time Division Duplexing,时分双工)的空口被提议应用于针对小小区信号小延迟传播经验的部署,灵活分配每个子帧上下行传输资源。这种在灵活选择上下行配置的 TDD 也被称为动态 TDD。在动态 TDD 上下行配置的情况下,不同的小区能更加灵活地适应业务需求,对减少基站能耗也有一定作用。动态 TDD 技术一般只在小覆盖的低功率节点小区中使用,而在大覆盖的宏基站小区中一般不使用动态 TDD 技术。超密集小小区组网和大量的应用将成为 5G 无线通信系统的基本内容。一个动态 TDD 的部署可能引起上下行子帧交错干扰和降低系统性能。5G 动态 TDD 的主要挑战包括更短的 TTI、更快的 UL/DL 切换和 MIMO 的结合等。为了应对这些挑战,目前被考虑的解决方案有如下 4 种:小区分簇干扰缓解(CCIM)、eICIC/FeICIC、功率控制、利用 MIMO 技术。

CCIM 是根据小区间的某个阀值(如耦合损耗、干扰水平)将小区分簇的方法。每个簇可以包含一个或多个小区。每个簇中的全部小区主动传输任何子帧或全部子帧的子集中要么都是上行链路要么都是下行链路,以便在同一簇中的基站—基站之间的干扰与用户—用户之间的干扰得到缓解。属于同一簇的多小区之间的协作是必要的。属于不同簇小区的传输方向在一个子帧中可以不同,通过自由的选择不同的 TDD 配置来获取基于业务自适应的 TDD 上下行链路重新配置所带来的收益。CCIM 本质上包括两个功能,即形成小区簇和每个小区簇中的协作传输。为了合理形成小区簇,基站的测量是必要的,而基站测量的目的是评价来自于另一个基站的干扰水平。此外,与基站测量相关的信号和过程都必须被支持。

eICIC 是依靠几乎空白子帧 ABS 协调宏小区和小小区的层间干扰。然而,eICIC 方案并没有解决小区特定参考信号 CSR 上的干扰控制,为了确保后向兼容性,CSR 不能为空白子帧。FeICIC 考虑了 CRS 干扰,并使用减少功率的几乎空白子帧(RP-ABS)增加了系统容量。借鉴小区间干扰协调(ICIC)和增强型小区间干扰协调(eICIC)在时间或频域上资源分配正交化的思路解决相邻小区间的干扰。这些基于 ICIC 的方案在干扰抑制中也许会造成资源不必要的浪费。FeICIC 的主要挑战是宏小区和小小区之间的只能调度和协调以及如何减少功率。eICIC 和 FeICIC 设计起初是用来解决异构网中下行链路干扰问题。基于干扰抑制(IM)方法的干扰协调将会被用在小小区间的干扰抑制中。

在动态 TDD 系统中,上行链路的性能会显著下降。为了提高上行链路的性能,业内提出了一些功率控制的方案。基本原则如下所述:减弱造成 eNB-eNB 干扰的下行子帧传输功率、增加受到 eNB-eNB 干扰的上行子帧传输功率。目前的干扰抑制方法主要集中在确定功率的变化范围以及控制策略这两个方面,比如一些静态和动态的控制方案。然而,在基于功控的方法中,增加传输功率可能会造成额外的干扰,降低基站的功率也将减小小区的覆盖范围,在以上方法中,将重点研究功率的增强和减弱。

第3章 5G-NR协议栈

3.1 总体架构

NG-RAN 节点包含两种类型。

(1)gNB:提供 NR 用户平面和控制平面的协议和功能。

(2)NG-eNB:提供 E-UTRA 用户平面和控制平面的协议和功能。

gNB 与 ng-eNB 之间通过 Xn 接口连接,gNB/ng-eNB 通过 NG-C 接口与 AMF(Access and Mobility Management Function,接入和移动管理功能)连接,通过 NG-U 接口与 UPF (User Plane Function,用户平面功能)连接。

5G 总体架构如图 3-1 所示,NG-RAN 表示无线接入网,5GC 表示核心网。NG-RAN 包含 gNB 或 NG-eNB 节点,5G-C 一共包含三个功能模块:AMF、UPF 和 SMF(Session Management Function,会话管理功能)。

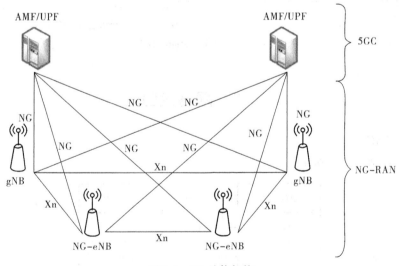

图 3-1 5G 总体架构

1. gNB/NG-eNB

(1)小区间无限资源管理(Inter Cell Radio Resource Management(RRM))。

(2)无线承载控制(Radio Bear(RB)Control)。

(3)连接移动性控制(Connection Mobility Control)。

(4)测量配置与规定(Measurement Configuration and Provision)。

(5)动态资源分配(Dynamic Resource Allocation)。

2. AMF

(1)NAS 安全(Non-Access Stratum(NAS) Security)。

(2)空闲模式下移动性管理(Idle State Mobility Handling)。

3. UPF

(1)移动性锚点管理(Mobility Anchoring)。

(2)PDU 处理(与 Internet 连接)PDU Handling。

4. SMF

(1)用户 IP 地址分配(UE IP Address Allocation)。

(2)PDU Session 控制,如图 3-2 所示。

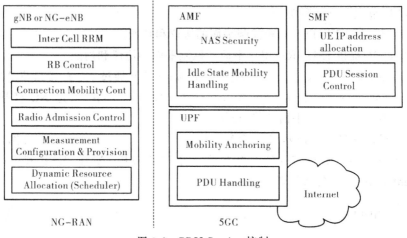

图 3-2　PDU Session 控制

3.2　网络接口

1. AN-AMF

AN-AMF 如图 3-3 所示。

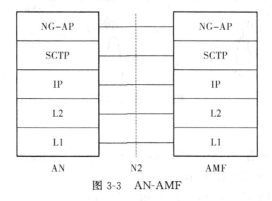

图 3-3　AN-AMF

NG-AP 协议定义在 38.413 中,SCTP 协议定义在 RFC 4960。

2. AN-SMF

AN-SMF 如图 3-4 所示。

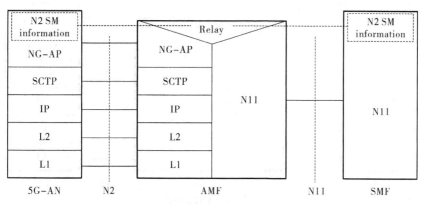

图 3-4 AN-SMF

N2-SM 消息是 NG-AP 消息的一部分,这部分消息由 AMF 负责透传。从接入网的角度 N2-SM 消息终结于 AMF。

3. UE 和 5GC 接口(N1)

N1 NAS 信令的终结点为 UE(用户设备)和 AMF(接入和移动管理功能),一个 NAS(非接入层)信令连接用于注册管理/连接管理(RM/CM)和会话管理(SM)。NAS 协议由 NAS-MM 和 NAS-SM 两部分组成;此外 UE 和 5GC 间还有多个其他协议(SM、SMS、UE policy、LCS 等),这都协议都是通过 N1 NAS-MM 进行透传的。

RM/CM NAS 消息和其他类型的 NAS 消息是解耦的,也就是 AMF 负责 RM/CM,其他的消息就透传给对应的模块去处理。

位于 AMF 的 NAS-MM 负责:①维护处理 RM/CM 的状态和对应流程处理。②提供安全的 NAS 消息传输通道(也即 NAS 层的加密和完整保护)。③透传其他类型的 NAS 消息(SM、SMS、UE Policy、LCS)。

如果 UE 同时通过 3GPP 和 non-3GPP 接入网接入 5GC,那么每个接入模式下都有一个 N1 NAS 信令连接。非接入层如图 3-5 所示。

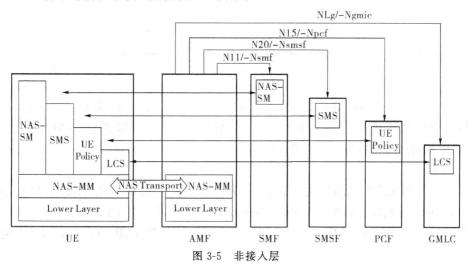

图 3-5 非接入层

4. UE-AMF

UE-AMF 如图 3-6 所示。

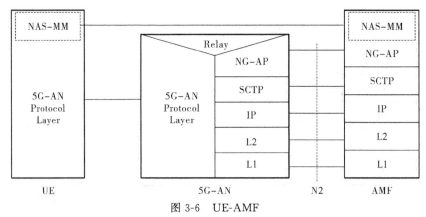

图 3-6 UE-AMF

NAS-MM：NAS-MM 协议负责注册管理、连接管理、用户面连接的激活和去激活操作,负责 NAS 消息的加密和完保。5G NAS 协议定义在 TS 24.501。

5G-AN Protocol layer：接入网的协议栈取决于具体的接入网类型;如果从 eNB 接入,则对应的空口协议栈定义在 TS36.300,如果从 gNodeB 接入,则对应的空口协议定义在 TS38.300,如果从 non-3GPP 网络接入,则对应的协议栈定义在 TS23.501 8.2.4 章节。

5. UE-SM

UE-SM 如图 3-7 所示。

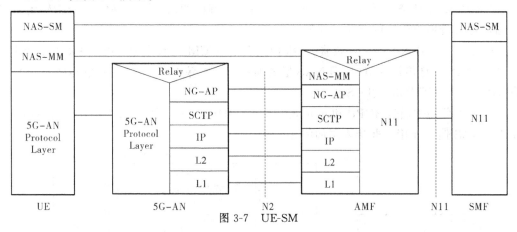

图 3-7 UE-SM

NAS-SM：NAS-SM 消息支持用户面 PDU 会话的建立、修改、释放;NAS-SM 消息通过 AMF 传输,且其对 AMF 是透明的(也就是 AMF 负责透传 SM 消息、不对其进行解析处理)。具体的消息和流程见于协议 TS 24.501。

6. 5GC-5GC

5GC 内部网元之间的接口为 SBI 接口,采用 HTTP 服务的形式。SBI 接口有:Namf、Nsmf、Nudm、Nnrf、Nnssf、Nausf、Nnef、Nsmsf、Nudr、Npcf、N5g-eir、Nlmf。

图 3-8 就是 SBI 协议栈,采用互联网常用的 HTTP/TCP 协议,HTTP/2 请参考 RFC 7540。

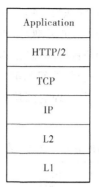

图 3-8 SBI 协议栈

7. UE-gNB

UE-gNB 如图 3-9 所示。

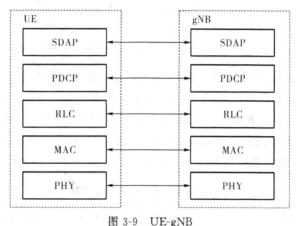

图 3-9 UE-gNB

相比于 3G/4G 的空口用户面协议栈,5G 新空口用户面协议栈多了一层 SDAP(Service Data Adaptation Protocol)。SDAP 协议定义于 TS37.324,PDCP 定义于 TS38.323,RLC 定义于 TS38.322,MAC 定义于 TS38.321。

3.3 物理层

1. 波形、子载波 &CP 配置和帧结构

NR 系统下行传输采用带循环前缀(CP)的 OFDM 波形;上行传输可以采用基于 DFT 预编码的带 CP 的 OFDM 波形,也可以与下行传输一样,采用带 CP(Cyclic Prefix,循环前缀)的 OFDM(Orthogonal Frequency Division Multiplexing,正交频分享用)波形。

NR 与 LTE 系统都基于 OFDM 传输。两者主要有两点不同:

(1)LTE 系统只支持一种配置,LTE 系统上行采用基于 DFT 预编码的 CP-Based OFDM,而 NR 系统上行可以采用基于 DFT 预编码的 CP-Based OFDM,也可以采用不带 DFT 的 CP-Based OFDM。

(2)NR 系统支持的载波间隔、CP 类型、对数据信道的支持如表 3-1 所示。NR 系统一共支持 5 种子载波间隔配置:15 kHz、30 kHz、60 kHz、120 kHz 和 240 kHz。一共有两种 CP 类型,Normal 和 Extended(扩展型)。扩展型 CP 只能用在子载波间隔为 60 kHz 的配置下。其中,子载波间隔为 15 kHz、30 kHz、60 kHz 和 120 kHz 可用于数据传输信道;而 15 kHz、30 kHz、120 kHz 和 240 kHz 子载波间隔可以用于同步信道。

NR 系统中连续的 12 个子载波称为物理资源块(PRB),在一个载波中最大支持 275 个 PRB,即 $275 \times 12 = 3\ 300$ 个子载波。

表 3-1   NR 系统支持的载波间隔、CP 类型、对数据信道的支持

μ	$\Delta f = 2^{\mu} \times 15$(kHz)	Cyclic prefix	Supported for data	Supported for synch
0	15	Normal	Yes	Yes
1	30	Normal	Yes	Yes
2	60	Normal,Extended	Yes	No
3	120	Normal	Yes	Yes
4	240	Normal	No	Yes

上行、下行中一个帧的时长固定为 10 ms,每个帧包含 10 个子帧,即每个子帧固定为 1 ms。同时,每个帧分为两个半帧(5 ms)。每个子帧包含若干个时隙,每个时隙固定包含 14 个 OFDM 符号(如果是扩展 CP,则对应 12 个 OFDM 符号)。因为每个子帧固定为 1 ms,所以对应不同子载波间隔配置,每个子帧包含的时隙数是不同的。具体的个数关系如表 3-2 所示(表 3-2 相比之前表格多了一个 $u=5$ 项,但在 Rel-15 中并不使用此选项)。

表 3-2   每个子帧包含的时隙数

μ	符号数(每 slot)	slot 数(每 Frame)	slot 数(每 subFrame)
0	14	10	1
1	14	20	2
2	14	40	4
3	14	80	8
4	14	160	16
5	14	320	32

NR 系统的传输单位(TTI)为 1 个时隙。如上所述,对于常规 CP,1 个时隙对应 14 个 OFDM 符号;对于扩展 CP,1 个时隙包含 12 个 OFDM 符号。

由于子载波间隔越大,对应时域 OFDM 符号越短,则 1 个时隙的时长也就越短。所以子载波间隔越大,TTI 越短,空口传输时延越低,当然对系统的要求也就越高。

2. 带宽频点

在 NR 系统中,3GPP 主要指定了两个频点范围。一个通常称为 Sub 6 GHz,另一个通常称为毫米波(Millimeter Wave)。Sub 6 GHz 称为 FR1,毫米波称为 FR2。FR1 和 FR2 具体的频率范围如表 3-3 所示。

表 3-3 FR1 和 FR2 具体的频率范围

Frequency range designation	Correspongding frequency range
FR1	450 MHz～6 000 MHz
FR2	24 250 MHz～52 600 MHz

在不同的频点范围,系统的带宽和子载波间隔都所有不同。在 Sub 6 GHz,系统最大的带宽为 100 MHz 而在毫米波中最大的带宽为 400 MHz。子载波间隔 15 kHz 和 30 kHz 只能用在 Sub 6 GHz,而 120 kHz 子载波间隔只能用在毫米波中,60 kHz 子载波间隔可以同时在 Sub 6 GHz 和毫米波中使用。

3. 物理层下行链路

1)PDSCH

PDSCH(Physical Downlink Shared CHannel,物理下行共享信道)处理流程如下所述。

(1)传输块 CRC 添加(如果传输块长度大于 3 824,则添加 24 bit CRC;否则添加 16 bit CRC)

(2)传输块分段,各段添加 CRC(24 bit)。

(3)信道编码:LDPC 编码。

(4)物理层 HARQ 处理,速率匹配。

(5)比特交织。

(6)调制:QPSK,16QAM,64QAM 和 256QAM。

(7)映射到分配的资源和天线端口。

PDSCH 处理模型如图 3-10 所示。

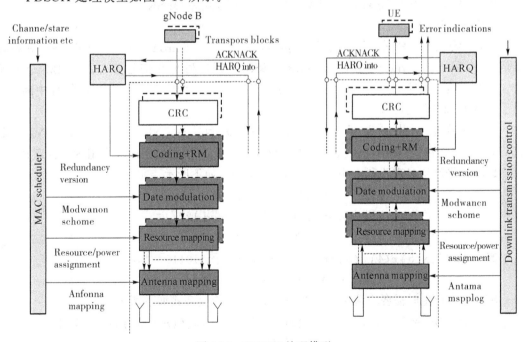

图 3-10 PDSCH 处理模型

PDSCH 采用 LDPC 编码,LDPC 编码时需要选择相应的 Graph:Graph 1 或 Graph 2。Graph 的不同,简单理解就是编码时采用的矩阵不一样。Graph 的选择规则如下(A 为码块长度,R 为码率):

(1)如果 $A \leqslant 292$;或者 $A \leqslant 3\ 824$ 并且 $R \leqslant 0.67$;或者 $R \leqslant 0.25$,选择 Graph 2;

(2)其他情况选择 Graph 1。

2)PDCCH

PDCCH(Physical Downlink Control Channel,专用物理下行控制信道)用于调度下行的 PDSCH 传输和上行的 PUSCH 传输。PDCCH 上传输的信息称为 DCI(Downlink Control Information),包含 Format 0_0,Format 0_1,Format 1_0,Format 1_1,Format 2_0,Format 2_1,Format 2_2 和 Format 2_3 共 8 中 DCI 格式。

(1)Format0_0 用于同一个小区内 PUSCH 调度。

(2)Format0_1 用于同一个小区内 PUSCH 调度。

(3)Format1_0 用于同一个小区内 PDSCH 调度。

(4)Format1_1 用于同一个小区内 PDSCH 调度。

(5)Format2_0 用于指示 Slot 格式。

(6)Format2_1 用于指示 UE 那些它认为没有数据的 PRB(s) and OFDM 符号(防止 UE 忽略)。

(7)Format2_2 用于传输 TPC(Transmission Power Control)指令给 PUCCH 和 PUSCH。

(8)Format2_3 用于传输给 SRS 信号的 TPC,同时可以携带 SRS 请求。

各种 DCI 格式之间的差异及使用场景之后再详细讨论。

PDCCH 信道采用 Polar 码信道编码方式,调制方式为 QPSK。

3)PSS/SSS/PBCH

NR 系统包含两种同步信号:主同步信号(Primary Synchronization Signal,PSS)和辅同步信号(Secondary Synchronization Signal, SSS)。PSS 和 SSS 信号各自占用 127 个子载波。PBCH 信号横跨 3 个 OFDM 符号和 240 个子载波,其中有一个 OFDM 符号中间 127 个子载波被 SSS 信号占用。

NR 系统中一共定义了 1 008 个小区 ID:$N_{\text{ID}}^{\text{cell}} = 3N_{\text{ID}}^{(1)} + N_{\text{ID}}^{(2)}$,其中 $N_{\text{ID}}^{(1)} \in \{0,1,\cdots,335\}$,$N_{\text{ID}}^{(2)} \in \{0,1,2\}$。即 336 个小区组 ID,每个小区组由 3 个组内小区组成。

PSS 信号产生时需要利用小区组内 ID,产生公式如下所示。

$$d_{\text{PSS}}(n) = 1 - 2x(m)$$
$$m = (n + 43 N_{\text{ID}}^{(2)}) \bmod 127$$
$$0 \leqslant n < 127$$

其中 $[x(6)\ x(5)\ x(4)\ x(3)\ x(2)\ x(1)\ x(0)] = [1110110]$

$$x(i+7) = (x(i+4) + x(i)) \bmod 2$$

SSS 信号产生时需要小区组 ID 和小区组内 ID,产生公式如下所示。

$$d_{\text{sss}}(n) = 1 - 2x_0((n + m_0) \bmod 127)[1 - 2 x_1((n + m_1) \bmod 127)]$$

$$m_0 = 15\left(\frac{N_{\text{ID}}^{(1)}}{112}\right) + 5 N_{\text{ID}}^{(2)}$$

$$m_1 = N_{\mathrm{ID}}^{(1)} \bmod 112$$

$$0 \leqslant n < 127$$

其中 $[x_0(6) \, x_0(5) \, x_0(4) \, x_0(3) \, x_0(2) \, x_0(1) \, x_0(0)] = [0000001]$

$[x_1(6) \, x_1(5) \, x_1(4) \, x_1(3) \, x_1(2) \, x_1(1) \, x_1(0)] = [0000001]$

$x_0(i+7) = (x_0(i+4) + x_0(i)) \bmod 2$

$x_1(i+7) = (x_1(i+4) + x_1(i)) \bmod 2$。

PSS/SSS/PBCH 在时频资源格上的位置关系如图 3-11 所示。

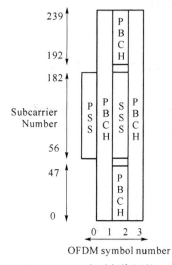

图 3-11 PSS/SSS/PBCH 在时频资源格上的位置关系

PBCH 信道编码方式为 Polar 编码,调制方式为 QPSK。PBCH 物理层处理模型如图 3-12 所示。

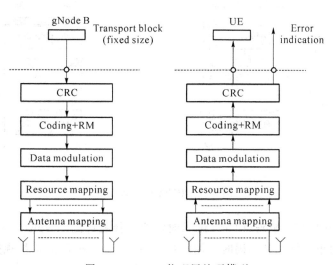

图 3-12 PBCH 物理层处理模型

4. 物理层上行链路

1)传输方案

NR 系统上行包含两种传输方案:基于码本的传输和非码本传输。

基于码本的传输：gNB 在 DCI(Downlink Control Information,下行控制信息)携带一个预编码矩阵指示(Precoding Matrix Indicator, PMI)。UE 使用 PMI 指示的矩阵对 PUSCH 进行预编码。对于非码本传输,UE 根据 DCI 中的 SRI 确定对应的预编码矩阵。

2)PUSCH

PUSCH 的处理流程如下所述。

传输块添加 CRC(TBS 大于 3 824 时添加 24 bit CRC;否则添加 16 bit CRC)。

(1)码块分段及各段 CRC 添加。

(2)信道编码:LDPC 编码。

(3)比特级交织。

(4)调制方式:Pi/2 BPSK(仅当进行 Transform Precoding 时可采用),QPSK,16QAM,64QAM 和 256QAM。

(5)层映射,Transform Precoding(需上层配置确定是否进行),预编码。

(6)映射到相应的资源和天线端口。

PUSCH 处理模型如图 3-13 所示。

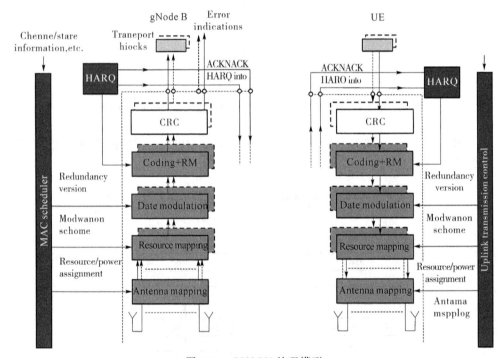

图 3-13　PUSCH 处理模型

PUSCH 采用 LDPC 编码,LDPC 编码时需要选择相应的 Graph:Graph 1 或 Graph 2。Graph 的不同,简单理解就是编码时采用的矩阵不一样。Graph 的选择规则如下(A 为码块长度,R 为码率):

(1)如果 A≤292;或者 A≤3 824 并且 R≤0.67;或者 R≤0.25,选择 Graph 2。

(2)其他情况选择 Graph 1。

3）PUCCH

PUCCH携带上行控制信息（Uplink Control Link，UCI）从 UE 发送给 gNB。根据 PUCCH 的持续时间和 UCI 的大小，一共有 5 种格式的 PUCCH 格式。

（1）格式 1：1～2 个 OFDM，携带最多 2 bit 信息，复用在同一个 PRB 上。

（2）格式 2：1～2 个 OFDM，携带超过 3 bit 信息，复用在同一个 PRB 上。

（3）格式 3：4～14 个 OFDM，携带最多 2 bit 信息，复用在同一个 PRB 上。

（4）格式 4：4～14 个 OFDM，携带中等大小信息，可能复用在同一个 PRB 上。

（5）格式 5：4～14 个 OFDM，携带大量信息，无法复用在同一个 PRB 上。

不同格式的 PUCCH 携带不同的信息，对应的底层处理也有所差异，此处不展开介绍。

UCI 携带的信息如下：

（1）CSI（Channel State Information）。

（2）ACK/NACK。

（3）调度请求（Scheduling Request）。

PUCCH 大部分情况下都采用 QPSK 调制方式，当 PUCCH 占用 4～14 个 OFDM 且只包含 1 bit 信息时，采用 BPSK 调制方式。PUCCH 的编码方式也比较丰富，当只携带 1 bit 信息时，采用 Repetition code（重复码）；当携带 2 bit 信息时，采用 Simplex code；当携带信息为 3～11 bit 时，采用 Reed Muller code；当携带信息大于 11 bit 时，采用的便是著名的 Polar 编码方式。

4）随机接入

NR 支持两种长度的随机接入（Random Access）前缀。长前缀长度为 839，可以运用在 1.25 kHz 和 5 kHz 子载波间隔上；短前缀长度为 139，可以运用在 15 kHz，30 kHz，60 kHz 和 120 kHz 子载波间隔上。长前缀支持基于竞争的随机接入和非竞争的随机接入；而短前缀只能在非竞争随机接入中使用。

5．传输信道

传输信道描述"信息该怎么传输"这个特性，下面会提到逻辑信道描述的则是"传输的是什么信息"。每个传输信道规定了信息的传输特性。

1）下行传输信道

（1）广播信道（Broadcast Channel，BCH）

①固定的，预先定义好的传输格式。

②在整个小区中广播。

（2）下行共享信道（Downlink Shared Channel，DL-SCH）

①支持 HARQ（Hybrid Automatic Repeat reQuest，混合自动重传请求）。

②支持链路动态自适应，包括调整编码、调制方式和功率等。

③支持在整个小区中广播。

④可以使用波束赋形。

⑤UE 支持非连续性接收（为了节能）。

（3）寻呼信道（Paging Channel）

①UE 支持非连续性接收（为了节能）。

②需要在整个小区中广播。

③映射到物理资源上（可能会动态地被其他业务和控制信道占用）。

2)上行传输信道

(1)上行共享信道(Uplink Shared Channel,UL-SCH)

①可以使用波束赋形。

②支持链路动态自适应,包括调整编码、调制方式和功率等。

③支持 HARQ。

④支持动态和半动态资源分配。

(2)随机接入信道(Random Access Channel,RACH)

①仅限传输控制信息。

②有碰撞的风险。

③层 2(layer 2)功能介绍。

NR 系统的层 2(layer 2)包含 SDAP、PDCP、RLC 和 MAC 层,如图 3-14 所示。

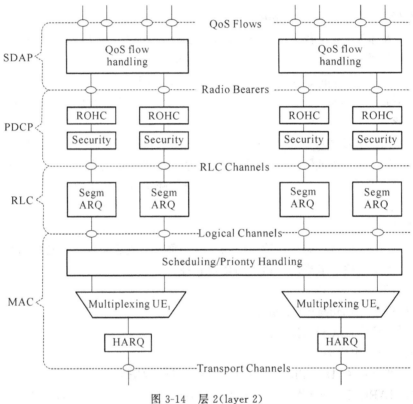

图 3-14　层 2(layer 2)

3.4　MAC 层

1. MAC 层实体

MAC 层实体如图 3-15 所示。

当配置了双链接时,MCG 和 SCG 的 MAC 层实体如图 3-16 所示。

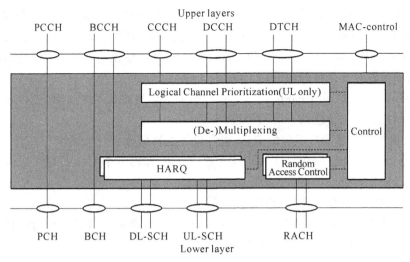

图 3-15 MAC 层实体

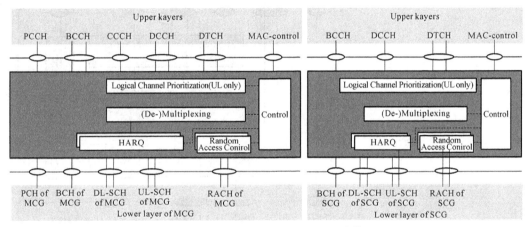

图 3-16 MCG 和 SCG 的 MAC 层实体

2. 服务和功能

(1)逻辑信道与传输信道之间的映射。

(2)复用、解复用:将来自一个或多个逻辑信道的 MAC SDU 复用到一个传输块并传递给 PHY;将从物理层传来的传输块解复用成多个 MAC SDU 并传递给一个或多个逻辑信道。

(3)报告调度信息。

(4)通过 HARQ 进行错误纠正(在载波聚合中,每个载波对应一个 HARQ 实体)。

(5)通过动态调度管理用户间的优先级。

(6)逻辑信道优先级管理。

(7)填充。

3. 逻辑信道

逻辑信道根据传输信息的类型来区分。逻辑信道主要分为两类:控制信道和业务信道。

控制信道用于传输控制平面的信息,包含以下逻辑信道。

(1)Broadcast Control Channel（BCCH）：用于广播系统控制信息的下行信道。

(2)Paging Control Channel（BCCH）：用于转发寻呼消息和系统信息变更的下行信道。

(3)Common Control Channel（CCCH）：当 UE 与网络没有建立 RRC Connection 时，UE 与网络间传输控制信息的信道。

(4)Dedicated Control Channel（DCCH）：当 UE 与网络已经建立 RRC Connection 时，UE 与网络间传输控制信息的一对一信道。

业务信道用于传输用户平面的信息，包含以下逻辑信道：

DedicatedTraffic Channel（DTCH）：一对一信道，指向一个 UE，传输 UE 的业务数据，在上行、下行中都存在。

4. 逻辑信道 & 传输信道 & 物理信道映射

逻辑信道（图 3-17）按照传输信息类型区分，所以不存在上行、下行。传输信道按照信息怎么传输区分，所以区分上行、下行传输信道。

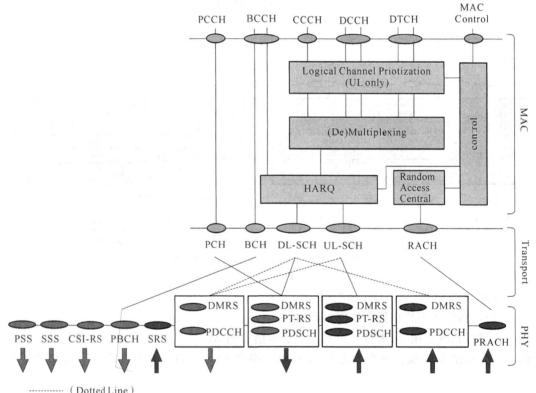

图 3-17　逻辑信道

5. HARQ

HARQ 保证物理层对等实体间传输的准确性。当没有空分复用时，一个 HARQ 进程处理一个传输块；当配置空分复用时，一个 HARQ 进程可以处理一个或多个传输块。

6. RNTI(Radio Network Tempory Identity,无线网络临时标识)的类型及数值。

RNTI 的类型及数值如表 3-4 所示。

表 3-4　RNTI 的类型及数值

value(hexa-decimal)	RNTI
0000	N/A
0001-FFEF	RA-RNTI,temporary C-RNTI,C-RNTI,CS-RNTI,TPC-CS-RNTI,TPC-PUCCH-RNTI,TPC=PUSSH-RNTI,AND TPC-SRS-RNTI
FFF0-FFFD	Reserved
FFFE	P-RNTI
FFFF	SI-RNTI

3.5　RLC 层

1. 传输模式 & 传输实体

与 LTE 系统一样,NR RLC 也包含三种传输模式:

(1) TransparentMode (TM);

(2) UnacknowledgedMode (UM);

(3) AcknowledgedMode (AM)。

每个逻辑信道对应一种 RLC 配置,RLC 配置和 ARQ 都不依赖于物理层子载波间隔、CP 类型和 TTI 长度等。

(1) SRB0 承载、寻呼和系统信息广播采用 TM 传输模式。

(2) 其他 SRB 承载采用 AM 传输模式。

(3) DRB 承载可以采用 AM 或 UM 模式。

TM 传输模式包含两个实体:发送实体和接收实体。

UM 传输模式包含两个实体:发送实体和接收实体。

AM 传输模式只包含一个实体:发送与接收在同一个实体中(方便 ARQ 处理)。

传输模式和传输实体如图 3-18 所示。

2. 服务和功能

(1) 传输上层的 PDU。

(2) 编号(与 PDCP 层编码独立)(UM 与 AM 模式)。

(3) 通过 ARQ 纠错(AM 模式)。

(4) 对 RLC SDU 进行分割(UM 与 AM 模式)和重分割(AM 模式重传时)。

(5) 重组 RLC SDU(UM 与 AM 模式)。

(6) 重复检测(根据编号进行,AM 模式)。

(7) RLCSDU 丢弃(UM 与 AM 模式)。

(8) RLC 层重建。

(9) 协议错误检测(AM 模式)。

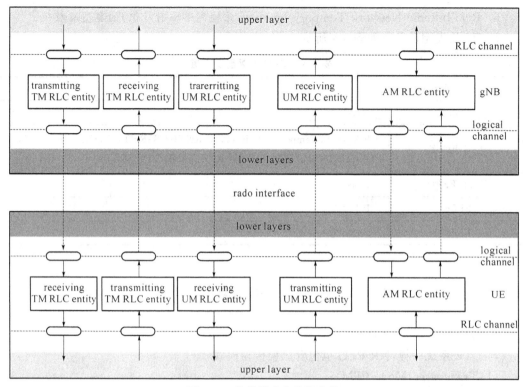

图 3-18　传输模式和传输实体

3. TM 模式

TM 模式不对传入 RLC 的 SDU 做任何处理,直接透传。TM 模式传输的 PDU 称为 TMD PDU。

TM 模式可以从下列逻辑信道中接收或者发送 RLC PDU:BCCH、DL/UL、CCCH 和 PCCH,如图 3-19 所示。

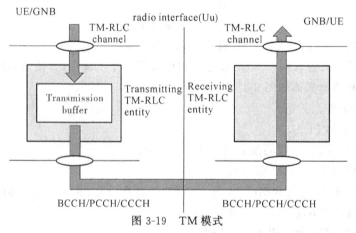

图 3-19　TM 模式

4. UM 模式

UM 模式可以从下列逻辑信道中接收或者发送 RLC PDU:DL/UL、DTCH。UM 模式传输的 PDU 称为 UMD PDU。

UM 发送实体为 RLC SDU 添加协议头;如果需要,还需对 RLC SDU 进行分割(没看到有拼接这一条),然后更新协议头。

UM 接收实体探测 RLC SDU 是否丢失;重组 RLC SDU 并把 RLC SDU 传输给上层;丢弃无法重组为 RLC SDU 的 UMD PDU。

UM 模式接收侧维护一个接收窗口,如图 3-20 所示。

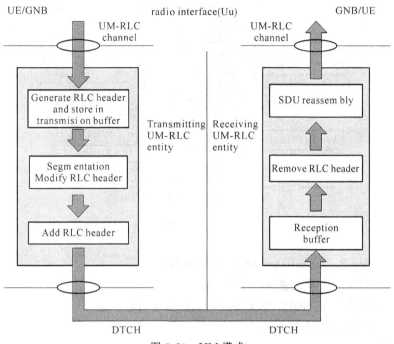

图 3-20　UM 模式

5. AM 模式

AM 模式可以从下列逻辑信道中接收或者发送 RLC PDU:DL/UL、DTCH、DL/UL、DCCH。AM 模式传输的数据 PDU 称为 AMD PDU;控制 PDU 称为 STATUS PDU。

AM 发送实体为 RLC SDU 添加协议头;如果需要,还需对 RLC SDU 进行分割(没看到有拼接这一条),然后更新协议头。AM 发送实体支持 ARQ 重传,当重传的 RLC SDU 大小与 MAC 指示的大小不符时,可以对 RLC SDU 进行分割或者重分割。

AM 接收实体:探测 AM PDU 是否重复接收并丢弃重复的 AM PDU;检测丢失的 AM PDU 并请求重传;恢复 RLC SDU 并提交给上层。

AM 模式发送短优先级:Control RLC PDU ＞ 重传 PDU ＞ 普通 PDU。

AM 模式发送侧和接收侧都维持一个窗口,如图 3-21 所示。

6. RLC 实体操作

1)RLC Entity Establishment(RLC 实体操作)

当上层要求 RLC 创建一个 RLC 实体时,UE 应当:

(1)创建一个 RLC 实体。

(2)将 RLC 实体参数初始化。

(3)开始数据接收。

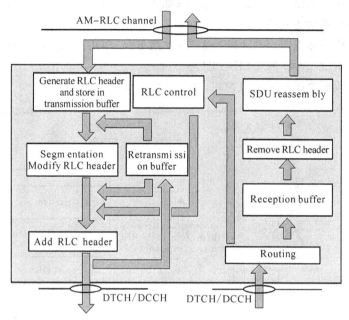

图 3-21　AM 模式

2)RLC Entity Re-Establishment(RLC 实体重建)

当上层要求 RLC 实体重建时,UE 应当:

(1)丢弃所有的 RLC SDU, RLC SDU 分段,RLC PDU 等。

(2)停止并重置所有的 Timer。

(3)将 RLC 实体参数初始化。

3)RLC Entity Release(RLC 实体释放)

(1)丢弃所有的 RLC SDU, RLC SDU 分段,RLC PDU 等。

(2)释放 RLC 实体。

7. ARQ(Automatic Repeat-reQuest,自动重传请求)

(1)RLC 根据 RLC Status Report 重传 RLC PDU 或者 RLC PDU 的分段。

(2)可以根据需要请求 RLC Status Report。

(3)RLC 接收侧也能发起 RLC Status Report 请求。

AM RLC 实体通过 STATUS PDU 给对等的 AM RLC 实体提供 ACK/NACK。在下列情况下,AM RLC 实体将发送 STATUS PDU。

(1)收到来自对等 AM RLC 实体的 Polling。

(2)检测到 AM PDU 接收失败。

3.6　PDCP 层

PDCP(Packet Data Convergence Protocol,分组数据汇聚协议)层为映射为 DCCH 和 DTCH 逻辑信道的无线承载提供传输服务。每个无线承载对应一个 PDCP 层实体,每个

PDCP 层对应 1 个、2 个或者 4 个 RLC 实体(根据单向传输/双向传输,RB 分割/不分割,RLC 模式等确定)。

如果 RB 不分割,则一个 PDCP 实体对应 1 个 UM RLC(单向),或者 2 个 UM RLC 实体(双向各一个),或者 1 个 AM RLC 实体。如果 RB 分割,则一个 PDCP 实体对应 2 个 UM RLC(单向),或者 4 个 UM RLC 实体(双向各一个),或者 2 个 AM RLC 实体。UE/NG-RAN 如图 3-22 所示。

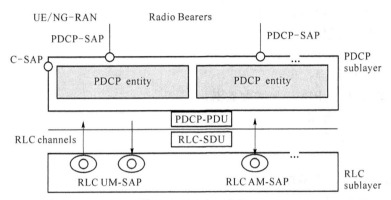

图 3-22 UE/NG-RAN

PDCP 实体的结构图如图 3-23 所示。

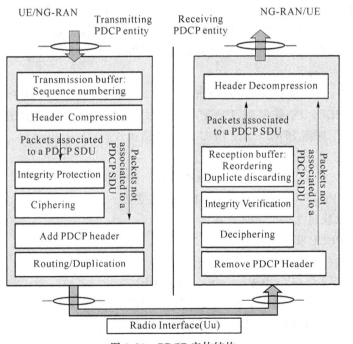

图 3-23 PDCP 实体结构

每个 PDCP 实体对应一个无线承载。同时,每个 PDCP 层都包含控制平面和用户平面,根据无线承载携带的信息确定相应的平面。如果存在 RB 分割,则添加 Routing 和 Duplication 功能。

1)功能

用户面服务和功能如下：

(1)编号；

(2)头压缩和解压缩（ROHC算法）；

(3)传输用户数据；

(4)重排序和重复检测；

(5)PDCP PDU 路由（当存在 Bear Split 时）；

(6)PDCP SDU 重传；

(7)加密、解密和完整性保护；

(8)PDCP SDU 丢弃；

(9)PDCP 重建、为 RLC AM 恢复数据；

(10)PDCP PDU 复制。

控制平面功能如下：

(1)编号；

(2)加密、解密和完整性保护；

(3)传输控制面数据；

(4)重排序和重复检测；

(5)PDCP PDU 复制。

PDCP 层加密功能只对 Data 部分（不包含 SDAP 协议头）进行。携带 SRB 的 Data PDU 必须进行完整性保护，携带 DRB 的 Data PDU 根据配置需要进行完整性保护。

PDCP 层维护两个 Timer。PDCP 发送端的 Timer 为 discardTimer；PDCP 接收端的 Timer 为 t-Reordering。

当某个 PDU SDU 对应的 discardTimer 超时，或者已经收到该 PDCP SDU 成功接收的 Status Report，PDCP 需要将该 PDCP SDU 以及相应的 PDCP Data PDU 放弃。t-Reordering 则用于探测 PDCP Data PDU 是否成功接收。

2)流程

1)PDCP 建立实体（PDCP Entity Establish）

当上层通知 PDCP 层建立 PDCP 实体时，UE 需要：

(1)为无线承载建立一个 PDCP 实体；

(2)初始化 PDCP 实体的参数；

(3)开始数据传输。

2)PDCP 重建实体（PDCP Entity Re-Establish）

当 PDCP 收到上层重建指令时，PDCP 发送实体需要以下几点。

(1)SRB:丢弃所有存储的 PDCP SDU 和 PDCP PDU。

(2)UM DRB:对于那些已经分配 SN 但还没有传输给下层的 PDCP SDU，按照 SN 递增的顺序将这些 PDCP SDU 传输后再开始 PDCP Entity Re-Establish。

(3)AM DRB:从第一个还没收到 ARQ 反馈的 PDCP SDU 开始，执行重传并把所有已存的 PDCP SDU 按照 SN 递增的顺序发送；发送完之后再开始 DCP Entity。

当 PDCP 收到上层重建指令时，PDCP 接收实体需要以下几点。

(1)SRB:丢弃所有缓存的 PDCP SDU 和 PDCP PDU。

(2)DRB:简单来说,将存储的 PDCP SDU 按照递增的顺序传输给上层。

3)PDCP 实体释放(PDCP Entity Release)

(1)在 PDCP 发送实体中,丢弃所有缓存的 PDCP SDU 和 PDCP PDU。

(2)对于 UM DRB 和 AM DRB,按照递增的顺序将缓存的 PDCP SDU 传递给上层。

(3)为无线承载释放 PDCP 实体。

3GPP 正在定义 5G NR(New Radio)的物理层,相对于 4G,5G 最大的特点是支持灵活的帧结构。

3.7 5G 信令

因为 5G 要支持更多的应用场景,其中,超可靠低时延(URLLC)是未来 5G 的关键服务,需要比 LTE 时隙更短的帧结构。

1. Numerology(参数集)

Numerology 这个概念可翻译为参数集,大概意思是指一套参数,包括子载波间隔、符号长度、CP 长度等,如表 3-5 所示。

表 3-5 参数集的数值

参数	数值					
m	-2(ffs)	0	1	2	3	⋯
子载波间隔/kHz	3.75	15	30	60	120	⋯
符号长度/μs	266.67	66.67	33.33	16.67	8.333	⋯
子帧长度/ms	4	1	0.5	0.25	0.125	⋯

5G 的一大新特点是多个参数集(Numerology),其可混合和同时使用。Numerology 由子载波间隔(subcarrier spacing)和循环前缀(cyclic prefix)定义。

在 LTE/LTE-A 中,子载波间隔是固定的 15 kHz,5G NR 定义的最基本的子载波间隔也是 15 kHz,但可灵活可扩展。

所谓可灵活扩展,即 NR 的子载波间隔设为 $15 \times (2^m)$ kHz,$m \in \{-2, 0, 1, \cdots, 5\}$,也就是说子载波间隔可以设为 3.75 kHz、7.5 kHz、15 kHz、30 kHz、60 kHz、120 kHz⋯对于 5G 帧结构,由固定结构和灵活结构两部分组成,如图 3-24 所示。

如图 3-24 所示,与 LTE 相同,无线帧和子帧的长度固定,从而允许更好的保持 LTE 与 NR 间共存。这样的固定结构,利于 LTE 和 NR 共同部署模式下时隙与帧结构同步,简化小区搜索和频率测量。

不同的是,5G NR 定义了灵活的子构架,时隙和字符长度可根据子载波间隔灵活定义。

2. Mini-Slot(子时隙构架)

5G 定义了一种子时隙构架,称为 Mini-Slot。Mini-Slot 主要用于超高可靠低时延(URLLC)应用场景。

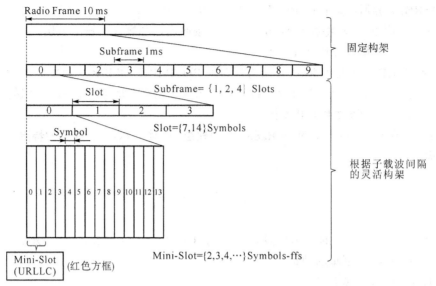

图 3-24　5G 帧结构

如图 3-23(红色方框)所示,Mini-Slot 由两个或多个符号组成(待进一步研究),第一个符号包含控制信息。对于低时延的 HARQ 可配置于 Mini-Slot 上,Mini-Slot 也可用于快速灵活的服务调度,估计仅一些 5G 终端支持 Mini-Slot。

3. 同步信号

为了连接网络,5G UE 需执行初始小区搜索,其主要目的:

(1)寻找信号最强的小区来连接;

(2)获取系统帧 timing,即帧的起始位置;

(3)确定小区的 PCI;

(4)解调参考信号。

为了支持小区搜索,需用到 PSS(Primary Synchronization Signal,主同步信号)和 SSS (Secondary Synchronization Signal,辅同步信号)。

PSS 和 SSS 在同步信号块(Synchronisation Signal Block)里传输,与 PBCH(物理广播信道)一起,配置于固定的时隙位置,如图 3-25 所示。

在初始小区搜索期间,UE 通过匹配滤波器对接收信号和同步信号序列进行相关,并执行以下步骤:

(1)发现主同步序列,获得符号和 5 ms 帧 timing;

(2)发现辅同步序列,检测 CP 长度和 FDD / TDD 双工模式,并从匹配滤波器结果中获得准确的帧 timing,从参考信号序列索引获取 CI;

(3)解码 PBCH 并获得基本的系统信息。

为了支持波束扫描,同步信号块被组织成一系列脉冲串(burst),并周期性发送。

4. PBCH(物理广播信道)

PBCH 向 UE 提供基本的系统信息,任何 UE 必须解码 PBCH 上的信息后才能接入小区。

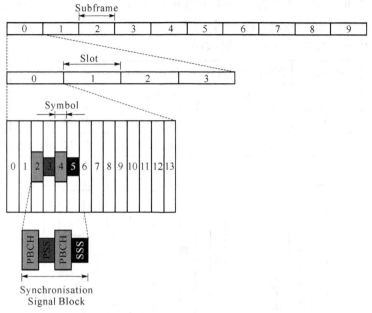

图 3-25 PSS 和 SSS

例如,PBCH 提供的信息包括(待进一步讨论):

(1)下行系统带宽;

(2)无线电帧内的定时信息;

(3)同步信号脉冲发送的周期性;

(4)系统帧号;

(5)其他较高层信息(待进一步讨论)。

其他广播信息被映射到共享信道上。

5. 同步信号和 PBCH 的映射

目前,3GPP 正在讨论同步信号和 PBCH 如何映射到物理资源。一种可能的映射如图 3-26所示。

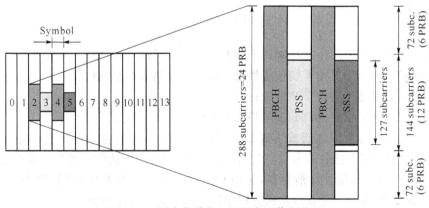

图 3-26 同步信号和 PBCH 物理资源位置

PSS/SSS/PBCH 只有 4 个符号,这样可确保快速的获得时间。PSS/SSS 的保护带确保减少干扰。所有 5G UE 都必须支持 24 个 PRB 的带宽。

同步信号块带宽取决于子载波间隔,如图 3-27 所示。

子载波间隔	PBCH 子载波数	PBCH 带宽	最小信道带宽
15	288	4.32 MHz	5 MHz
30	288	8.64 MHz	10 MHz(ffs)
60	288	17.28 MHz	20 MHz(ffs)

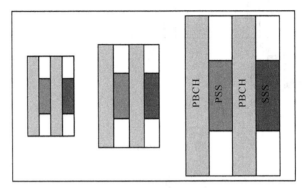

图 3-27　子载波间隔

6. 系统信息

系统信息获取采用分级的方式。基本小区配置信息由 PBCH 提供,共享信道进一步提供更多的系统信息,如图 3-28 所示。完整的信息可以通过以下步骤获得:

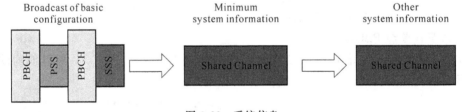

图 3-28　系统信息

(1)UE 读取提供基本小区配置的 PBCH,并找到下行控制信道(其调度共享信道);

(2)UE 读取为所有其他系统信息块提供调度信息的最小系统信息;

(3)UE 读取其他所需的系统信息;

(4)UE 请求系统信息,例如,仅与特定 UE 相关的系统信息。

注册管理用于向 5GS 注册或注销 UE /用户,并在 5GS 中建立用户上下文。UE 需要向网络注册以获得授权接收服务,以实现移动性跟踪并实现可达性。发生注册的情况如下:

①初始注册;②周期性注册更新;③CM-CONNECTED 和 CM-IDLE 状态 UE 跟踪区域(TA)发送变化;④需要更新在注册过程中协商的能力或协议参数。

General Registration(一般注册):

1. UE 发送 Registration Request 到(R)AN 消息携带的主要 AN 参数,(注册类型,

SUCI 或 5G-GUTI 或 PEI,最后访问的 TAI(如果可用),安全性参数,请求的 NSSAI,请求的 NSSAI 的映射,UE 无线电能力更新,UE MM 核心网络能力,PDU 会话状态,要激活的 PDU 会话列表,遵循请求,MICO 模式首选项,请求的 DRX 参数)和 UE 策略容器(PSI 列表)。

(1)注册类型:主要是上面所说的注册类型。

(2)终端的真实身份在 5G 里称为 SUPI(SUbscription Permanent Identifier)(类似 IMSI),通过公钥加密后的密文称为 SUCI(SUbscription Concealed Identifier),SUCI 传送给基站后,基站直接上传至核心网。手机用来加密 SUPI 的公钥放在 USIM 中,SUCI 的解密算法只能被执行一次,放置在核心网的 UDM 中。

(3)在 5G 网络中终端收到 Identity Request 后不会再发送明文 SUPI(类似 IMSI)而是发送经过加密的 SUCI(除非手机收到 Identity Request 可以发送 Null-Scheme 的 SUCI 即不加密)。

(4)SUCI 上报的频率未做硬性规定。手机在收到网络侧发送的 Identity Request 时,需要回复 SUCI。手机要保证每次发送的 SUCI 都是更新的、随机的。但伪基站仍可以不断要求手机发送 SUCI,会导致手机电量消耗或者发起一些 DoS 攻击。

(5)PEI Permanent Equipment Identifier 设备永久标识。

2. 如果发送给(R)AN 的信息中不包括 5G-GUT 或者包含了(R)AN 认为无效的 AMF,则根据(R)AT 和请求的 NSSSAI(如果是可用)选择 AMF。

(1)如果 UE 处于 CM-CONNECTED 状态,则(R)AN 可以基于 UE 的 N2 连接将注册请求消息转发到 AMF。

(2)如果(R)AN 不能选择适当的 AMF,则它将注册请求转发到已经在(R)AN 中配置的 AMF,以执行 AMF 选择。

3. (R)AN 到新 AMF 发送 Registration Request 消息

N2 消息(N2 参数,注册请求(如步骤 1 中所述)和 UE 接入选择和 PDU 会话选择信息,UE 上下文请求)。

(1)当使用 NG-RAN 时,N2 参数包括与 UE 驻留的小区相关的所选 PLMN ID、位置信息和小区标识、建立原因。

(2)如果 UE 指示的注册类型是周期性注册更新,则可以省略步骤 4 到 20。

4.(有条件的)新的 AMF 到旧的 AMF

Namf_Communication_UEContextTransfer(完成注册请求)或新 AMF 到 UDSF:Nudsf_Unstructured Data Management_Query()。

(1)(使用 UDSF 部署)如果 UE 的 5G-GUTI 包含在注册请求中并且服务 AMF 自上次注册过程以来已经改变,则新的 AMF 和旧的 AMF 在相同的 AMF 集中并且部署 UDSF,新的 AMF 使用 Nudsf_UnstructuredDataManagement_Query 服务操作直接向 UDSF 检索存储的 UE 的 SUPI 和 UE 上下文。

(2)(没有 UDSF 部署):如果 UE 的 5G-GUTI 包含在注册请求中并且服务 AMF 自上次注册过程以来已经改变,则新的 AMF 可以调用 Namf_Communication_UEContextTransfer 服务操作,向旧的 AMF 发送包括完整的注册请求 NAS 消息以请求 UE 的 SUPI 和 UE 上下文,该消息可以采用完整性保护算法。

（3）如果新的 AMF 在切换过程期间已经从旧的 AMF 接收到 UE 上下文,则应跳过步骤 4、5 和 10。

（4）对于紧急注册,如果 UE 用 AMF 未知的 5G-GUTI 标识自己,则跳过步骤 4 和 5 并且 AMF 立即从 UE 请求 SUPI。如果 UE 用 PEI 标识自己,则应跳过 SUPI 请求。在没有用户身份的情况下允许紧急注册取决于当地法规。

5.（有条件的）旧的 AMF 到新的 AMF 或 UDSF 到新的 AMF。

响应 Namf_Communication_UEContextTransfe(SUPI,AMF 中的 UE 上下文)或 UDSF 到新 AMF:Nudsf_Unstructured Data Management_Query()。

如果旧的 AMF 未通过注册请求 NAS 消息的完整性检查,则旧 AMF 应指示完整性检查失败。

6.（有条件）新的 AMF 向 UE 发送:Identity Request。

如果 UE 未提供 SUCI 也未从旧 AMF 检索 SUCI,则 AMF 向请求 SUCI 的 UE 发送身份请求消息来发起身份请求过程。

7.（有条件的）UE 向 new AMF 发送:Identity Response。

UE 通过使用 HPLMN 的预配公钥来导出 SUCI。以包括 SUCI 的身份响应消息进行响应。

8. AMF 可以通过调用 AUSF 来决定发起 UE 认证。

在这种情况下,AMF 选择基于 SUPI 或 SUCI 的 AUSF。

如果 AMF 配置为支持未经认证的 SUPI 的紧急注册,并且 UE 指示注册类型紧急注册,则 AMF 跳过认证或 AMF 接受认证可能失败并继续注册过程。

9. 鉴权加密和完整性保护过程。

10.（有条件）新的 AMF 到旧的 AMF:Namf_Communication_RegistrationCompleteNotify()。

（1）如果 AMF 已经改变,则新的 AMF 通过调用（备注 http 协议）Namf_Communication_RegistrationCompleteNotify 服务操作通知旧的 AMF,UE 在新的 AMF 中完成注册。

（2）如果认证/安全过程失败,则应拒绝注册,并且新的 AMF 使用拒绝指示原因代码向旧的 AMF 调用 Namf_Communication_RegistrationCompleteNotify 服务操作。旧的 AMF 继续保持原状态,好像从未接收到 UE 上下文传送服务操作。

（3）如果在旧注册区域中使用的一个或多个 S-NSSAI 不能在目标注册区域中服务,则新的 AMF 确定在新注册区域中不支持 PDU 会话。新的 AMF 调用 Namf_Communication_RegistrationCompleteNotify 服务操作,包括被拒绝的 PDU 会话 ID 和拒绝原因（例如,S-NSSAI 变得不再可用）发向旧的 AMF。然后,新的 AMF 相应地修改 PDU 会话状态。旧的 AMF 通过调用 Nsmf_PDUSession_ReleaseSMContext 服务操作来通知相应的 SMF 在本地释放 UE 的 SM 上下文。

11.（有条件）新的 AMF 到 UE:身份请求/响应(PEI)。

（1）如果 UE 未提供 PEI 也未从旧 AMF 检索 PEI,则 AMF 发送身份请求消息以向 UE 发送身份请求消息以检索 PEI。PEI 应加密传输,除非 UE 执行紧急注册并且无法进行身份验证。

（2）对于紧急注册,UE 可能已将 PEI 包括在注册请求中。如果是,则跳过 PEI 检索。

（3）备注可以用于鉴权是否为合法厂家的终端,一般国内不做 PEI 相关认证鉴权。

12. (可选的)新的 AMF 通过调用 N5g-eir_EquipmentIdentityCheck_Get 服务操作来启动 ME 身份检查。

13. 如果要执行步骤14,则基于 SUPI 的新 AMF 选择 UDM(根据 SUPI 一般会选择 home 地),然后 UDM 可以选择 UDR 实例。

14. A>C 的过程(AMF 的注册过程)。

(1)如果 AMF 自上次注册过程以来已经改变,或者如果 UE 提供不适用于 AMF 中的有效上下文的 SUPI,或者如果 UE 注册到相同的 AMF,则它已经注册到非 3GPP 接入(即 UE 通过非 3GPP 接入注册并发起该注册过程以添加 3GPP 接入),新的 AMF 使用 Nudm_UECM_Registration 向 UDM 注册,并且当 UDM 注销该 AMF 时预订通知。UDM 存储与访问类型关联的 AMF 标识,并且不删除与其他访问类型关联的 AMF 标识。UDM 可以存储由 Nudr_UDM_Update 在 UDR 中注册时提供的信息。

(2)AMF 使用 Nudm_SDM_Get 检索 SMF 数据中的访问和移动订阅数据,SMF 选择订阅数据和 UE 上下文。这要求 UDM 可以通过 Nudr_UDM_Query 从 UDR 检索此信息。收到成功响应后,AMF 会在请求的数据被修改时使用 Nudm_SDM_Subscribe 进行通知,UDM 可以通过 Nudr_UDM_Subscribe 订阅 UDR。如果 GPSI 在 UE 订阅数据中可用,则 GPSI 在来自 UDM 的接入和移动订阅数据中被提供给 AMF。UDM 可以提供针对 UE 更新用于网络切片的订阅数据的指示。如果 UE 在服务 PLMN 中订购了 MPS,则"MPS 优先级"被包括在提供给 AMF 的接入和移动订阅数据中。

(3)新的 AMF 向 UE 提供其为 UDM 服务的接入类型,并且将接入类型设置为"3GPP 接入"。UDM 通过 Nudr_UDM_Update 将关联的访问类型与服务 AMF 一起存储在 UDR 中。

14d. 旧的 AMF 移除 UE 的 UE 上下文。

当 UDM 将相关的接入类型(例如 3GPP)与服务的 AMF 一起存储时,如步骤 14a 所示,它将使 UDM 向与其相对应的旧的 AMF 发起 Nudm_UECM_DeregistrationNotification 访问,如果存在的话,旧 AMF 移除 UE 的 UE 上下文。如果 UDM 指示的服务 NF 删除原因是初始注册,那么,旧的 AMF 调用 Nsmf_PDUSession_ReleaseSMContext(SUPI,PDU 会话 ID)服务操作,对所有相关的 SMF 进行操作。UE 通知 UE 从旧的 AMF 注销。获取此通知时,SMF 将释放 PDU 会话。

14c. 旧的 AMF 使用 Nudm_SDM_unsubscribe 取消订阅 UDM 以获取订阅数据。

15. 如果 AMF 决定启动 PCF 通信(可以根据策略决定是否设置)。

例如,AMF 尚未获得 UE 的接入和移动策略,或者如果 AMF 中的接入和移动策略不再有效,则 AMF 的行为如下所述。

(1)如果新的 AMF 在步骤5中从旧的 AMF 接收包括在 UE 上下文中的 PCF,则 AMF 联系由(V-)PCF ID 标识的(V-)PCF。

(2)如果不能使用由(V-)PCF ID 识别的(V-)PCF(例如,没有来自(V-)PCF 的响应)或者在步骤5中没有从旧的 AMF 接收到 PCF ID,则 AMF 选择 a (V)-PCF 并且可以选择 H-PCF(用于漫游场景),根据规则建立 V-NRF 到 H-NRF 交互。

16. (可选的)新的 AMF 执行 AM 策略关联建立过程。

(1)同时 PCF 也向 AMF 调用 Namf_EventExposuer_Subscribe 订阅 UE 相关的事件。

（2）如果新的 AMF 在步骤 5 中联系由在 AMF 间移动期间接收的（V-）PCF ID 标识的 PCF，则新的 AMF 将在 Npcf_AMPolicyControl 创建操作中包括 PCF ID。在初始注册程序期间，AMF 不包括该指示。

（3）如果 AMF 向 PCF 通知移动性限制（例如 UE 位置）以进行调整，或者 PCF 由于某些条件（例如，使用中的应用，时间和日期）而更新移动限制本身，则 PCF 应提供更新的移动性限制到 AMF。

17.（有条件的）AMF 到 SMF：

Nsmf_PDUSession_UpdateSMContext()

如果在步骤 1 中注册请求中包含了"重新激活的 PDU 会话"，AWF 向 NPDF 会话发送 Nsmf DOUsession Update SMcontext 请求，以激活 PDU 会话的用户平面连接。

备注：4G 用户为永久在线，用户注册就会建立默认承载。而在 5G 建立默认承载改为可选项可以是永久在线也可以不是。

18. 新的 AMF 到 N3IWF：

N2 AMF Mobility Request()

支持多模终端的多接入处理（暂忽略）。

19. N3IWF to 新的 AMF：

N2 AMF Mobility Response()

同第 18 步。

20.（有条件的）旧的 AMF 到（V__）PCF：

AMF 启动策略关联终止。

如果旧的 AMF 先前向 PCF 发起了策略关联，并且旧的 AMF 没有将 PCF ID 转移到新的 AMF（例如，新的 AMF 在不同的 PLMN 中），则旧的 AMF 执行 AMF 发起的策略关联。用于删除与 PCF 的关联。

21. 新的 AMF 到 UE：注册接受消息，指示注册请求已被接受。

新的 AMF 到 UE：注册接受（5G-GUTI，注册区域，移动性限制，PDU 会话状态，允许的 NSSAI，允许的 NSSAI 的映射，为服务 PLMN 配置的 NSSAI，配置的 NSSAI 的映射，周期注册更新定时器，LADN 信息和接受的 MICO 模式，支持 PS 语音的 IMS 语音指示，紧急服务支持指示符，接受的 DRX 参数等）网络分片订阅变更指示。

22.（有条件的）UE 到新的 AMF：

Registration Complete()

23.（有条件的）AMF 到 UDM：

如果 UDM 在 14b 中向 AMF 提供的接入和移动订阅数据包括漫游信息的指示，其中 UDM 请求确认从 UE 接收该信息，则 AMF 向 UE 提供使用 Nudm_SDM_Info 确认 UDM。

第4章 诺基亚5G硬件产品描述

4.1 诺基亚 AirScale 系统模块

诺基亚 AirScale 系统模块(AirScale SM)具有支持无线接入技术所需的所有控制和基带功能。AirScale SM 的基本功能包括：

(1)基带处理和分散控制；

(2)传输控制,集成以太网端口以及 IPv4、IPv6 和 IPSec 传输技术；

(3)BTS 时钟和定时信号的生成和分配；

(4)BTS 操作和维护；

(5)中央无线电接口控制；

(6)与无线电单元的 OBSAI / CPRI 兼容接口。

诺基亚 AirScale 系统模块包括一个高容量的室内 AirScale 子架(AMIA)或一个带有 AirScale Common(ASIA 或 ASIK)和 AirScale Capacity(ABIA 或 ABIL)插件的高容量室外 AirScale 子架(AMOB)。

ASIA / ASIK 单元提供集成的以太网传输处理和接口。ABIA / ABIL 将基带信号处理能力和/或其他无线电接入技术带入系统。

图 4-1 为诺基亚 AirScale 系统模块,在 AMIA 内部有两个 ASIA 和六个 ABIA。

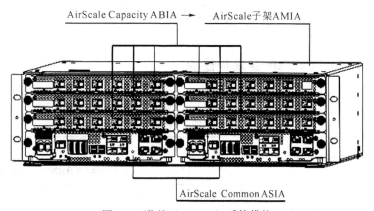

图 4-1 诺基亚 AirScale 系统模块

图 4-2 为诺基亚 AirScale 系统模块,在 AMIA 内部有两个 ASIK 和四个 ABIL。

图 4-3 为诺基亚 AirScale 系统模块,在 AMOB 内部有两个 ASIA 和六个 ABIA。

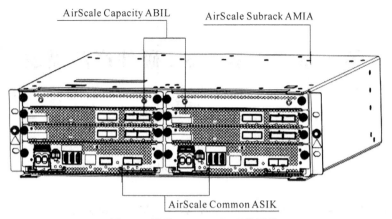

图 4-2　诺基亚 AirScale 系统模块

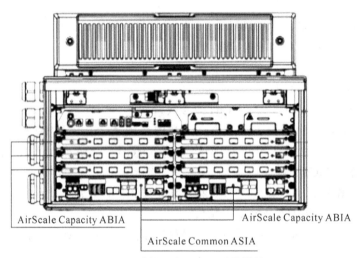

图 4-3　诺基亚 AirScale 系统模块

4.1.1　诺基亚 AirScale 容量和性能

AirScale 的 FDD-LTE 硬件容量如表 4-1 所示。

表 4-1　AirScale 的 FDD-LTE 硬件容量

功能和能力	系统板 ASIA （AirScale Common）	容量板 ABIA （AirScale Capacity）	2xASIA + 6xABIA
最大单元配置	n/a	16	96
小区数/容量 PIU LTE 小区 2T2R	n/a	16	96
最大 FDD-LTE 数据吞吐量(DL + UL)［Gbit/s］	n/a	2.7	14.41
CoMP 和 CA 池大小	n/a	16/16	96/96
无线端口数量(CPRI 9.8G / OBSAI 6G)	n/a	6	36

续表

功能和能力	系统板 ASIA (AirScale Common)	容量板 ABIA (AirScale Capacity)	2xASIA ＋ 6xABIA
传输接口 1 GE 电气	3	n/a	6
传输接口 1/10 GE 光学	2	n/a	4
IPsec 吞吐量(DL ＋ UL)(具有多个 SA 的 IPv4 / IPv6)[Gbit/s]	5	n/a	10
支持 FDD-LTE 的最大天线载波	n/a	32	192
支持的最大 DL 数据速率[Gbit/s] LTE	n/a	1.8	10.8
支持的最大 UL 数据速率[Gbit/s] LTE	n/a	0.9	3.6
最大 LTE 无线电处理带宽[MHz]	n/a	640	1 280/7 680
该值是指无线电级别吞吐量,eNB 级吞吐量取决于回程容量/尺寸			

AirScale 的 TDD-LTE 硬件容量如表 4-2 所示。

表 4-2 AirScale 的 TDD-LTE 硬件容量

功能和能力	系统板 ASIA (AirScale Common)	容量板 ABIA (AirScale Capacity)	2xASIA ＋ 6xABIA
最大单元配置	n/a	16	96
小区数/容量 PIU LTE 小区 2T2R	n/a	16	96
最大 8T8R 电池数	n/a	4	24
最大 TD-LTE 数据吞吐量[Gbit/s]	n/a	1.26	7.6
CoMP 和 CA 池大小	n/a	16/16	96/96
无线端口数量(CPRI 9.8G / OBSAI 6G)	n/a	6	36
传输接口 1 GE 电气	3	n/a	6
传输接口 1/10 GE 光学	2	n/a	4
IPSEC 吞吐量(DL ＋ UL)(具有多个 SA 的 IPv4 / IPv6)[Gbit/s]	5	n/a	10
支持 TD-LTE 的最大天线载波	n/a	32	192
支持的最大 DL 数据速率[Gbit/s] LTE	n/a	1.8	10.8
支持的最大 UL 数据速率[Gbit/s] LTE	n/a	0.6	3.6
最大 LTE 无线电处理带宽[MHz]	n/a	640	3 840

AirScale 的 5G 硬件容量如表 4-3 所示。

表 4-3　AirScale 的 5G 硬件容量

功能和能力	系统板 ASIA（AirScale Common）	容量板 ABIA（AirScale Capacity）	2×ASIK ＋ 4×ABIL
最大单元配置	n/a	16	64
电池容量 5/10 MHz 2T2R	n/a	16	64
电池容量 15/20 MHz 2T2R	n/a	16	64
电池容量 5/10 MHz 4T4R	n/a	16	64
电池容量 15/20 MHz 4T4R	n/a	16	64
电池容量 15/20 MHz 8T8R	n/a	8	32
电池容量 15/20 MHz 64T64R 8x8	n/a	4	16
电池容量 15/20 MHz 64T64R 16x8	n/a	2	8
电池容量 100 MHz 64T64R 8x4	n/a	2	8
电池容量 100 MHz 64T64R 16x8	n/a	1	4
无线端口数量（CPRI 9.8 Gbit/s,10 / 25GE）	n/a	2 倍 SFP28, 2 倍 QSFP28	16
传输接口 1/10/25 GE	2 倍 SFP28	n/a	4
IPSEC 吞吐量（DL ＋ UL）[Gbit/s]	14	n/a	28
支持的最大 DL 数据速率[Gbit/s]	n/a	7	28
支持的最大 UL 数据速率[Gbit/s]	n/a	3.5	14

1. 运输处理能力

AirScale SM 运输处理由 ASIA / ASIK 插件提供。公共单元提供所需的传输接口和传输处理能力,以支持可能的基带配置。表 4-4 显示了基于 AirScale SM 硬件架构的当前预期的传输处理能力。

表 4-4　基于 AirScale SM 硬件架构的当前预期的传输处理能力

功能和能力	空秤 SM			
	一个带有一个 ASIA 的子架	一个带有一个 ASIK 的子架	一个带有两个 ASIA 的子架	一个带有两个 ASIK 的子架
运输能力（UL ＋ DL 流量）	5.0 Gbit/s	14.0 Gbit/s	2×5.0 Gbit/s	2×14.0 Gbit/s

注意:如果子架配置为两个独立的 eNB / gNB,则每个 ASIA / ASIK 单元提供独立的传输终止功能。如果子架配置为单个 eNB / gNB,则只有一个传输终止功能有效。

2. 诺基亚 AirScale 系统模块的优势

诺基亚 AirScale 系统模块具有以下优势:

（1）非常高的容量；

（2）支持 GSM、WCDMA、LTE 和 5G；

（3）高度可扩展的架构，包括系统内模块和内部 SM，通过扩展端口；

（4）丰富的前传和回程连接；

（5）优化的功耗；

（6）准备好完全恢复支持（电源、同步、回程、L3、L1、L2）。

注意：弹性功能取决于软件可用性。不同的弹性方案可能需要额外的硬件（例如，第二个 AirScale Common 插件，额外的 AirScale Capacity 插件，电源和同步电缆，IQ 交换设备）。

4.1.2　诺基亚 AirScale 系统模块子架

诺基亚 AirScale 系统模块由子架（AMIA 或 AMOB）内的通用（ASIA 或 ASIK）和容量扩展（ABIA 或 ABIL）插件组成。

1. 诺基亚 AirScale 室内子架（AMIA）

1）AMIA 概述

诺基亚产品代码：473098A。

AirScale 子架（AMIA）的高度为 3U（U 是一种表示服务器外部尺寸的单位，计量单位高度或者厚度，是 Unit 的缩略语），可安装在标准的 19 英寸机架中。多个子架可以堆叠在一起。室内子架包括风扇，用于内部通信的背板和直流馈电。通过旋转风扇可以改变冷却空气的方向。默认方向是前后。

2）AMIA 尺寸，重量和插件位置

没有盲盖，AirScale 子架的重量为 5.1 kg。AMIA 子架可以在以下位置容纳插件：

- 插槽 C1 和 C2 中有一个或两个 ASIA / ASIK 插件；
- 插槽 B1 至 B6 中最多有六个 ABIA 插件；
- 插槽 B1，B2，B4 和 B5 中最多有四个 ABIL 插件；

3）AMIA 插槽编号（表 4-5）

表 4-5　AMIA 插槽编号

B3	B6
B2	B5
B1	B4
C1	C2

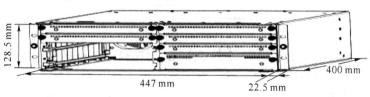

图 4-4　AMIA 尺寸

2. **诺基亚 AirScale 户外机架(AMOB)**

1)AMOB 概述

诺基亚 AirScale Subrack AMOB 是一个用于户外使用的系统模块子架。子架为系统模块和电缆(IP55)提供室外环境和异物保护。AMOB 的高度为 8U,可安装在标准的 19 英寸机架上。

AMOB 子架包括 AirScale 系统模块背板。

AMOB 冷却系统基于带有外部风扇单元的热交换器(HEX)以及内部空气循环风扇单元。必须提供正面和背面至少 40 mm 的间隙以进行冷却。如果 AMOB 水平安装,则 HEX 的外部气流方向是从前到后的。在垂直安装中,气流方向是前后。可以通过改变 HEX 风扇盘组件中风扇的方向来实现气流方向的改变。

AMOB 采用加热器,可在约两小时内从 $-40 \sim -5$℃进行冷启动。可以安装选择第二加热器。第二个加热器可在约一小时内达到 -5℃。

2)AMOB 安装选项

子架支持堆叠、墙壁、杆和机架安装。可以在 Flexi Cabinet for Outdoor(FCOA)中安装 AMOB。AMOB 可以堆叠在 Flexi 外壳的顶部,但不支持在 AMOB 顶部堆叠 Flexi 外壳。

3)AMOB 插件位置

AMOB 可以在以下位置容纳插件:

(1)插槽 C1 和 C2 中有一个或两个 ASIA / ASIK 插件。

(2)插槽 B1 至 B6 中最多有六个 ABIA / ABIL 插件。

4)AMOB 插槽编号(表 4-6)

表 4-6　AMOB 插槽编号

B3	B6
B2	B5
B1	B4
C1	C2

5)AMOB 内部配电单元(PDU)

PDU 结合了与风扇,加热器和温度传感器相关的配电和控制功能。PDU 支持最大输出 42 A,过压保护仅适用于直流输入。

AMOB 内部 PDU 接口如图 4-5 所示。

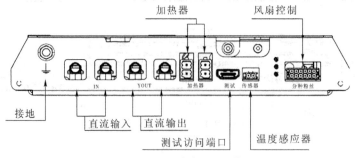

图 4-5　AMOB 内部 PDU 接口

6）AMOB 内部 PDU 接口（表 4-7）

表 4-7　AMOB 内部 PDU 接口

标签	功能	连接器类型
IN	电源输入	AWG6 50A
out	功率输出	1xAWG7（正）1xAWG7（负）
加热器	加热器端口	2×2 针
测试	测试访问端口	高清晰多媒体接口
传感器	温度感应器	2 针
分钟粉丝	风扇控制	12 针
⏚	接地	M5 螺丝

4.1.3　诺基亚 AirScale 系统模块常用单元

诺基亚 AirScale 系统模块由子架（AMIA 或 AMOB）内的通用和容量插件组成。

1. 诺基亚 AirScale 通用单元（ASIA）

ASIA 插件占用了一个 IP 等级为 IP20 的子架的一个 C 插槽。

ASIA 功能包括支持的无线接入技术的传输和集中控制，以及中央天线数据路由。

ASIA 重 3.1 kg。

注意：ASIA 单元（ASIAA）的变体用于满足某些特定要求。ASIA 单元具有螺丝 DC 连接器。ASIA 单元的深度为 389 mm。

AirScale 通用单元如图 4-6 所示。

图 4-6　AirScale 通用单元

ASIA 外部接口如图 4-7 所示。

2. 诺基亚 AirScale 通用单元（ASIK）

AirScale Common（ASIK）插件占用子机架中的一个 C 插槽，IP 等级为 IP20。

ASIK 提供传输接口和集中处理，如图 4-8 所示。

ASIK 重 3.2 kg。

ASIK 外部接口如图 4-9 所示。

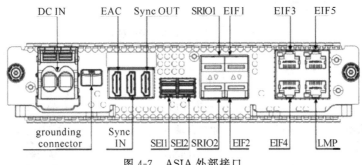

图 4-7 ASIA 外部接口

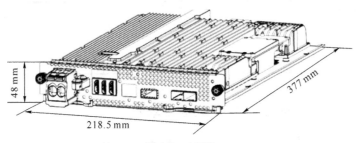

图 4-8 ASIK

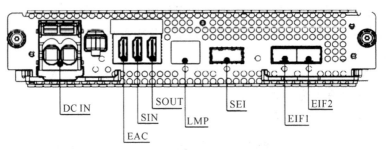

图 4-9 ASIK 外部接口

3. 诺基亚 AirScale 系统模块容量单元

诺基亚 AirScale 系统模块由子架(AMIA 或 AMOB)内的通用和容量插件组成。

4. 诺基亚 AirScale Capacity 单元(ABIA)

1)ABIA 概述

AirScale Capacity 插件可为无线电设备提供特定于小区的基带处理和光接口。

诺基亚 AirScale Capacity(ABIA)插件占用子机架的一个 B 插槽,IP 等级为 IP20。

以下功能集成在 ABIA 中:

(1)特定于小区的基带处理;

(2)无线电单元的光接口;

(3)状态 LED。

诺基亚 AirScale 系统模块室内设备最多可包含六个 AirScale Capacity(ABIA)设备。ABIA 单元有六个光学 RF 接口,支持高达 6 Gbit/s 的 OBSAI 或 9.8 Gbit/s 的 CPRI。三个 CPRI 链接支持 IQ 压缩。

ABIA 的重量为 2.1 kg。

2）ABIA 尺寸（图 4-10）

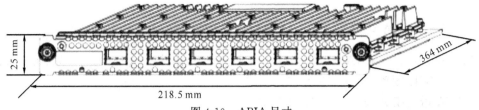

图 4-10 ABIA 尺寸

3）ABIA 外部接口（图 4-11）

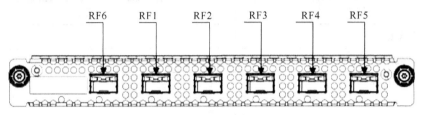

图 4-11 ABIA 外部接口

5. 诺基亚 AirScale Capacity 单元（ABIL）

AirScale Capacity（ABIL）插件单元占用子级中的一个 B 插槽，IP 等级为 IP20。

AirScale 系统模块（图 4-12）最多可包含云 gNB 中的四个 AirScale Capacity（ABIL）插件和经典 gNB 中最多六个 ABIL。ABIL 插件具有两个 SFP ＋／SFP28 和两个支持光模块的 QSFP ＋／QSFP28。

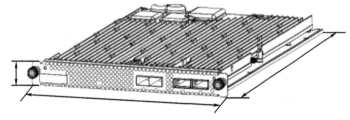

图 4-12 AirScale 系统模块

AirScale 系统模块接口如图 4-13 所示。

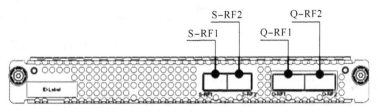

图 4-13 AirScale 系统模块接口

4.2 诺基亚 AirScale 射频模块

4.2.1 AEUA 诺基亚 AirScale MAA 2T2R 512 AE n257 8 W

AEUA AirScale MAA 2T2R 512AE n257 8 W 是诺基亚 5G 无线电单元,带有集成天线,可在 28 GHz 频率下进行 5G 操作。

AEUA 诺基亚 AirScale 具有以下特点。

1)功能规范(表 4-8)

表 4-8 AEUA 功能规范

属性	值
TXRX 的数量	2TX2RX
SW 支持的技术	5G
双工模式,支持标准	TDD,3GPP
户外安装	是
频率范围	26.5～29.5 GHz,3GPP 频段 n257
波束成形	模拟,2TRX,$2 \times 16 \times 16$ 相控阵天线,每极化 256 个天线单元
MIMO 流/波束的数量	2
最大。iBW(瞬时带宽)/ oBW(占用带宽)	800 MHz/800 MHz
运营商配置	$N \times 50$ MHz $+ M \times 100$ MHz,其中 $N + M$ 小于或等于 8
QAM 调制	QPSK,16 QAM,64 QAM
TX EVM / RX EVM	＜5％(64 QAM)/＜5％(64 QAM)

2)Band n257 天线特性(表 4-9)

表 4-9 AEUA 天线特性

属性	值
总 TX RF 输出功率	28 dBm(2 光束),31 dBm,带可选风扇单元
天线增益	26 dBi(视轴),29 dBi,带可选风扇单元
总平均 EIRP	54 dBm,60 dBm,带可选风扇单元
水平扇区宽度	90°(3 dB),120°(6 dB)
水平波束宽度	6.5°(3 dB,视轴)
垂直扇形宽度	22.5°(1.5 dB),45°(2 dB)

续表

属性	值
垂直波束宽度	8.6°(3 dB),4.3°带可选风扇单元
旁瓣抑制	大于或等于 20 dB
极性之间的隔离	大于或等于 20 dB
主瓣精度和粒度	小于 2°
TX / RX 切换的 RF 保护时间	小于 1μs
DFE 保护时间用于波束切换	小于 100 ns

3)接口

AEUA 接口如图 4-14,表 4-10 所示。

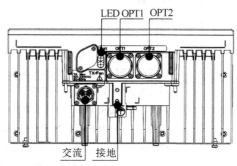

图 4-14　AEUA 接口

表 4-10　AEUA 接口

接口	硬件上的标签	接口数量	连接器类型	附加信息
电源	交流	1	BTS Amphe OBTSAC	AC 100～230 V
光接口	OPT	2	qsfp + conn 38f 唯一的和 p0.8 10 g	2×QSFP+(4×每个 9.8 Gbit/s)
接地	接地	1	2 个螺丝,M5	—
运行状态可视指示(2个)单元和 TX /风扇状态	LED	2	—	显示单元和 TX /风扇的状态

4)电气规格(表 4-11)

表 4-11　AEUA 电气规格

属性	值
标称电源电压	—
标称输入电压范围	100～230 V AC
扩展输入电压范围	90～264 V AC

5）能量消耗（表 4-12）

表 4-12　AEUA 能量消耗

属性	值
通过可选的风扇单元实现最大功耗	550 W
无须可选风扇单元即可实现最大功耗	380 W
电源	100～230 VAC

6）安装和机械规格（表 4-13）

表 4-13　AEUA 安装和机械规格

属性	值
安装选项	• 杆安装 • 墙面安装
IP 等级	IP65
相关的可选项	474443A-AFMA Airscale Fan MAA 装置 474621A-ASAB AirScale MDR26-open EAC 电缆 5 m 474335A-foc QSFP ＋ 4x10G 10 km SM 474333A-focx QSFP ＋ MPO 4×10 300 m MM 474281A-APPA AirScale 2 26 A DC 插头 3.3-10 mm² 474384A-ACPB 光纤保护插头，R2CT 471649A.-FPKA Flexi 杆安装套件（30～120 mm）
冷却方式	通过可选的风扇单元进行被动冷却，替代主动冷却
倾斜选项	机械（水平±30°，垂直±15°）

7）环保规范（表 4-14）

表 4-14　AEUA 环保规范

属性	值
室外最高工作温度（阴凉处）	55 ℃（131 ℉）
最大工作室外温度（在阳光下）	55 ℃（131 ℉）
最高室内温度	45 ℃（113 ℉）
最低工作温度	−40 ℃（−40 ℉）

4.2.2　AEQA 诺基亚 AirScale MAA 64T64R 192 AE B42 200 W

AEQA 诺基亚 AirScale MAA 64T64R 192 AE B42 200 W 是诺基亚 5G 无线电单元，带有集成天线，可在 42 频段进行 5G 操作。

AEQA 诺基亚 AirScale 具有以下特点。

1)功能规范(表 4-15)

表 4-15　AEQA 功能规范

属性	值
TXRX 的数量	64TX64RX
SW 支持的技术	5G
双工模式,支持标准	TDD, 5GNR
户外安装	是
频率范围	3.4～3.6 GHz,频段 42
波束成形	数字,64TRX,4×12 双极化相控阵
MIMO 流/波束的数量	16
最大。iBW(瞬时带宽)/ oBW(占用带宽)	100 MHz / 100 MHz(2 个载波)
运营商配置	1×100 MHz(2×100 MHz,2 RU)
QAM 调制	QPSK, 16 QAM, 64 QAM, 256 QAM
TX EVM / RX EVM	RX EVM < 5 %(64 QAM),TX EVM < 3.5%(256 QAM),在 Pnom 处有 1.5 dB 后退和 EVM < 5%(64 QAM)

2)Band 42 天线特性(表 4-16)

表 4-16　AEQA 天线特性

属性	值
总 TX RF 输出功率	大于或等于 35 dBm
天线增益(视轴)	25.5 dBi(目标),23.5 dBi(分钟)
总平均 EIRP	78 dBm(视轴,公差 2 dB)
水平转向角	90°(3 dB), 120°(6 dB)
水平波束宽度	15°(视轴)
垂直转向角	12°
垂直波束宽度	6°(视轴)
旁瓣抑制	小于或等于−16 dB(视轴,公差 2 dB)
极性之间的隔离	大于或等于 20 dB
主瓣精度和粒度	小于 2°
DFE 保护时间用于波束切换	小于 100 ns

3）接口（表4-17）

表4-17　AEQA接口

接口	硬件上的标签	接口数量	连接器类型	附加信息
电源	直流输入	1	2极连接器	50 A 最大
光接口	OPT	4	qsfp ＋ conn 38f 唯一的和 p0.8 10 g	4×9.8 Gbit/s CPRI
接地	接地	1	2个螺丝，M5	—
AISG 接口（远程 eAntenna 扩展）	RAE	1	RAE 电缆组件	AISG 控制天线的信号
运行状态可视指示（2 个）单元和 TX 状态	MOD,TX	2	—	mod 领导 表示单位工作状态 TX LED 指示 TX 功率发射状态

4）天线线路设备（ALD）支持（表4-18）

表4-18　AEQA ALD 支持

ALD 通过天线端口支持	值
ASIG	RAE：AISG2.0
CWA（用于非 AISG 安装）	没有
电压	10～30 V
每端口功率	—

5）电气规格（表4-19）

表4-19　AEQA 电气规格

属性	值
标称电源电压	−48 V 直流电
标称输入电压范围	−48 V DC 电压（−57～−40.5 V）
扩展输入电压范围	—

6）能量消耗（表4-20）

表4-20　AEQA 能量功耗

属性	值
通过可选的风扇单元实现最大功耗	1 500 W（具有 75%DL 占空比，70%流量负载）
直流电源	−48 V DC 电压−57～−40.5 V
交流电源	100～240 V AC，带外部 AC／DC 转换器

7)安装和机械规格(表4-21)

表4-21 AEQA 安装和机械规格

属性	值
安装选项	• 杆安装 • 墙面安装
IP 等级	IP65
冷却方式	对流冷却

8)环保规范(表4-22)

表4-22 AEQA 环保规范

属性	值
室外最高工作温度(阴凉处)	55 ℃(131 ℉)(带太阳能负载,仅在温度高达 45 ℃(113 ℉)时满功率)
最大工作室外温度(在阳光下)	55 ℃(131 ℉)
最高室内温度	45 ℃(113 ℉)
最低工作温度	−40 ℃(−40 ℉)

4.2.3 AEQD 诺基亚 AirScale MAA 64T64R 128 AE B43 200 W

AEQD 诺基亚 AirScale MAA 64T64R 128 AE B43 200 W 是诺基亚 5G 无线电单元,带有集成天线,可在 43 频段进行 5G 操作。

AEQD 诺基亚 AirScale 具有以下特点。

1)功能规范(表4-23)

表4-23 AEQD 功能规范

属性	值
TXRX 的数量	64TX64RX
SW 支持的技术	5G, TD-LTE
双工模式,支持标准	TDD, 3GPP
户外安装	是
频率范围	3.6~3.8 GHz,频段 43
波束成形	数字,64TRX,8×8 天线阵列(±45°×偏振)
MIMO 流/波束的数量	16
最大 iBW(瞬时带宽)/ oBW(占用带宽)	100 MHz / 100 MHz(2 个载波)
运营商配置	1×100 MHz / 2×100 MHz,2 RU

续表

属性	值
QAM 调制	QPSK，16 QAM，64 QAM，256 QAM
TX EVM / RX EVM	RX EVM ＜ 5％（64 QAM），TX EVM ＜ 3.5 ％（256 QAM），在 Pnom 处有 1.5 dB 后退和 EVM ＜5％（64 QAM）

2）Band 43 天线特性（表 4-24）

表 4-24　AEQD 天线特性

属性	值
总 TX RF 输出功率	大于或等于 35 dBm
天线增益（视轴）	24 dBi（目标）22.5 dBi（分钟）
总平均 EIRP	76 dBm
水平转向角	90°（3 dB），120°（6 dB）
水平波束宽度	12.5°（视轴）
垂直转向角	22.5°
垂直波束宽度	9°（视轴）
旁瓣抑制	小于或等于—16 dB（视轴，公差 2 dB）
极性之间的隔离	大于或等于 20 dB
主瓣精度和粒度	小于 2°
DFE 保护时间用于波束切换	小于 100 ns

3）接口（表 4-25）

表 4-25　AEQD 接口

接口	硬件上的标签	接口数量	连接器类型	附加信息
电源	直流输入	1	2 极连接器	50 A 最大
光接口	OPT	4	qsfp ＋ conn 38f 唯一的和 p0.8 10 g	4×9.8 Gbit/s CPRI
接地	接地	1	螺丝，M8	—
AISG 接口（远程天线扩展）	RAE	1	RAE 电缆组件	AISG 控制天线的信号
运行状态可视指示（2 个）单元和 TX 状态	MOD，TX	2	—	mod 领导 表示单位工作状态 TX LED 指示 TX 功率发射状态

4)天线线路设备(ALD)支持(表4-26)

表4-26 AEQD ALD 支持

ALD 通过天线端口支持	值
ASIG	RAE:AISG2.0
CWA(用于非 AISG 安装)	没有
电压	10～30 V
每端口功率	—

5)电气规格(表4-27)

表4-27 AEQD 电气规格

属性	值
标称电源电压	—48 V 直流电
标称输入电压范围	—48 V DC 电压(—57～—40.5 V)
扩展输入电压范围	—

6)能量消耗(表4-28)

表4-28 AEQD 能量消耗

属性	值
能量消耗	1 265 W 典型值(75%DL 占空比,30%RF 负载) 最大 1 543 W(75%DL 占空比,100%RF 负载)
直流电源	—48 V DC 电压(—57 ～—40.5 V)
交流电源	100～240 V AC,带外部 AC / DC 转换器

7)安装和机械规格(表4-29)

表4-29 AEQD 安装和机械规格

属性	值
安装选项	• 杆安装 • 墙面安装
IP 等级	IP65
冷却方式	对流冷却

8)环保规范(表 4-30)

表 4-30 AEQD 环保规范

属性	值
室外最高工作温度(阴凉处)	55 ℃(131 ℉)(45～55 ℃之间 1.5 dB 输出功率回退)
最大工作室外温度(在阳光下)	55 ℃(131 ℉)
最高室内温度	45 ℃(113 ℉)
最低工作温度	-40 ℃(-40 ℉)

4.2.4 AETF 诺基亚 AirScale MAA 64T64R 192 AE n79 200 W

AETF 诺基亚 AirScale MAA 64T64R 192 AE B42 200 W 是诺基亚 5G 无线电单元,带有集成天线,可在 n79 频段进行 5G 操作。

AETF 诺基亚 AirScale 具有以下特点。

1)功能规范(表 4-31)

表 4-31 AETF 功能规范

属性	值
TXRX 的数量	64TX64RX
SW 支持的技术	5G
双工模式,支持标准	TDD, 5GNR
户外安装	是
频率范围	4.8～5.0 GHz,频段 n79
波束成形	数字,64TRX,8×12 双极化相控阵
MIMO 流/波束的数量	16
最大,iBW(瞬时带宽)/ oBW(占用带宽)	100 MHz/100 MHz
运营商配置	1×100 MHz(2×100 MHz,2 RU)
QAM 调制	QPSK, 16 QAM, 64 QAM, 256 QAM
TX EVM / RX EVM	RX EVM < 2.5%;TXEVM≤4.5%,64 QAM 无退避,≤2.5%,256 QAM 后退 1.5 dB

2)Band n79 天线特性(表 4-32)

表 4-32 AETF 天线特性

属性	值
总 TX RF 输出功率	每 TX 35 dBm
天线增益(视轴)	25.5 dBi(标称值),24 dBi(最小值)

续表

属性	值
总平均 EIRP	78 dBm(视轴,公差 2 dB)
水平转向角	90°(3 dB),120°(8 dB)
水平波束宽度	15°(视轴)
垂直转向角	12°
垂直波束宽度	6°(视轴)
旁瓣抑制	大于或等于 20 dB(可能逐渐变细)
极性之间的隔离	大于或等于 20 dB
主瓣精度和粒度	小于 2°

3)接口(表 4-33)

表 4-33　AETF 接口

接口	硬件上的标签	接口数量	连接器类型	附加信息
电源	直流电	1	2 极连接器	50 A 最大
光接口	OPT	4	qsfp + conn 38f 唯一的和 p0.8 10 g	4×9.8 Gbit/s CPRI
接地	接地	1	2 个螺丝,M5	—
AISG 接口（远程 eAntenna 扩展）	RAE	1	RAE 电缆组件	AISG 控制天线的信号
运行状态可视指示（2 个）单元和 TX 状态	MOD,TX	2		mod 领导 表示单位工作状态 TX LED 指示 TX 功率 发射状态

4)电气规格(表 4-34)

表 4-34　AETF 电气规格

属性	值
标称电源电压	−48 V 直流电
标称输入电压范围	−48 V DC 电压(−57～−40.5 V)
扩展输入电压范围	—

5)能量消耗(表 4-35)

表 4-35　AETF 能量消耗

属性	值
通过可选的风扇单元实现最大功耗	1 700 W(占空比为 75%)
直流电源	—48 V DC 电压(—57～—40.5 V)
交流电源	100～240 VAC,带外部 AC / DC 转换器

6)安装和机械规格(表 4-36)

表 4-36　AETF 安装和机械规格

属性	值
安装选项	• 杆安装 • 墙面安装
IP 等级	IP65
冷却方式	对流冷却

7)环保规范(表 4-37)

表 4-37　AETF 环保规范

属性	值
室外最高工作温度(阴凉处)	55 ℃(131 ℉)(带太阳能负载,仅在温度高达 45 ℃(113 ℉)时满功率)
最大工作室外温度(在阳光下)	55 ℃ (131 ℉)
最高室内温度	45 ℃ (113 ℉)
最低工作温度	—40 ℃ (—40 ℉)

4.2.5　AHLOA AirScale 双 RRH 4T4R B12/71 240 W

AHLOA AirScale 具有以下特点。

1)功能规范(表 4-38)

表 4-38　AHLOA 功能规范

属性	值
输出功率	4×60 W(可在频段之间共享)
SW 支持的技术	5 g, fD -lte
QAM 调制	QPSK, 16 QAM, 64 QAM, 256 QAM (DL) QPSK, 16 QAM, 64 QAM (UL)

属性	值
TX / RX 数量	B71：4T4R B12：4T4R
户外安装	是
SW 支持的技术	fD-lte
TX 频率范围	B7ny71：617～652 MHz B12(仅限 LTE)：728～746 MHz
RX 频率范围	B7nyn71：663～698 MHz B12(仅限 LTE)：698～716 MHz
DL 瞬时带宽	B7ny71：35 MHz B12 ＋扩展(LTE)：18 MHz
UL 瞬时带宽	B71：35 MHz B12 ＋扩展(LTE)：18 MHz
DL 过滤带宽	B71：35 MHz B12 ＋扩展(LTE)：18 MHz
UL 滤波器带宽	B71：35 MHz B12 ＋扩展(LTE)：18 MHz
支持的带宽(5G NR)	5、10、15、20 MHz
PIM 取消	是

2)接口

AHLOA 的接口如图 4-15、表 4-39 所示。

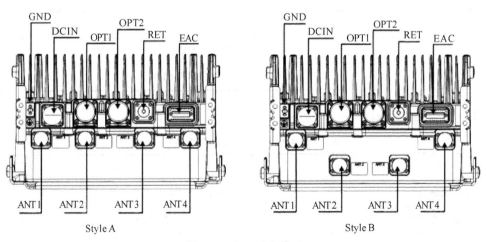

图 4-15　AHLOA 接口

表 4-39　AHLOA 接口

接口	硬件上的标签	接口数量	连接器类型	附加信息
电源	直流输入	1	4 键大功率圆形连接器	支持屏蔽电缆的接地
天线连接器	ANT	4	4.3-10	所有端口上的 AISG，ANT1 和 ANT3 上的 BiasT 支持 具有防止与 4.1-配合时损坏的功能 尝试 9.5 连接器
远程电气倾斜	RET	1	艾斯格 c485	8 针圆形
外部警报连接	东非共同体	1	MDR-26	4 个输入，1 个输出
光接口	OPT	2	SFP（R2CT）	CPRI 高达 9.8 Gbit/s
接地	⏚	1	M8 或双 M5 螺丝	—
风扇	风扇	1	微配合 2×3	位于鳍侧

3）天线线路设备（ALD）支持（表 4-40）

表 4-40　AHLOA ALD 支持

ALD 通过天线端口支持	值
ASIG	2.0，3.0
CWA（用于非 AISG 安装）	没有
电压	14.5 V（仅限 ANT1 和 ANT3）
每端口功率	30 W，总共 45 W

4）电气规格（表 4-41）

表 4-41　AHLOA 电气规格

属性	值
标称电源电压	−48.0 V DC
标称输入电压范围	−57～−40.5 V DC
扩展输入电压范围	−40.5～−36 V DC −60～−57 V DC

5)能量消耗(表4-42)

表4-42　AHLOA 能量消耗

属性	值
能量消耗	670 W〔ETSI 繁忙小时负载 8TX,30 W(两个频段均有效)〕 515 W〔ETSI 繁忙小时负载 4TX 30 W(一个频段有效)〕
直流电源	−48 V DC 电压(−57～−40.5 V)
交流电源	100～240 V AC,带外部 AC／DC 转换器

6)功率回退(表4-43)

表4-43　256QAM 模式下的推荐 AHLOA 功率回退(载波间隔超过 100 MHz)

单载波/dB	双载波/dB	三载波/dB	四载波/dB
0	0.8	0.8	0.8

7)安装和机械规格(表4-44)

表4-44　AHLOA 安装和机械规格

属性	值
安装选项	·墙面安装 ·杆安装 ·垂直书籍装载 ·水平书架(需要风扇) ·单夹安装(带 AMRC 和 AMRD)
IP 等级	IP65
相关的可选项	·AirScale 2 光纤连接器 R2CT(ACPB) ·AirScale 2 55 A DC 插头 3.3～10 mm²(APPB) ·AirScale 2 55 A DC 插头 10～16 mm²(APPC) ·AirScale 2 MDR26-open EAC 电缆 5 m(ASAA) ·AirScale 2 风扇单元 600(ASFC) ·Flexi 杆安装套件(FPKA／C) ·AirScale 2 FPKx 固定适配器 600(AMFD) ·杆式安装套件 30～120 mm(AMPA) ·AirScale 书架 176～200(AMBH) ·AirScale 单导轨 600 mm(AMRC) ·AirScale—夹式支架超过 200(AMRD)

8)环保规范(表 4-45)

表 4-45 AHLOA 环保规范

属性	值
最大运行室外温度(在阴凉处),带风扇或 10.8 km / h 风	+55 ℃ (131 ℉)
最大运行室外温度(在阳光下),风扇或 10.8 km / h 风	+50 ℃ (122 ℉)
最高室内温度	+45 ℃ (113 ℉)
最低工作温度	−40 ℃ (−40 ℉)

4.2.6 AAHF MAA 64T64R n41 初始 NR 支持

AAHF 诺基亚 AirScale MAA 64T64R 128AE n41 120 W 是诺基亚 5G 无线电单元,带有集成天线,可在 41 频段进行 5G 操作。

AAHF 诺基亚 AirScale 具有以下特点。

1)功能规范(表 4-46)

表 4-46 AAHF 功能规范

属性	值
TXRX 的数量	64TX64RX
SW 支持的技术	5G, TD-LTE
双工模式,支持标准	TDD, 3GPP
户外安装	是
频率范围	频段为 2 496~2 690 MHz
波束成形	—
MIMO 流/波束的数量	16
最大。iBW(瞬时带宽)/ oBW(占用带宽)	60 MHz/60 MHz
运营商配置	1×60 MHz
QAM 调制	BPSK, QPSK, 16 QAM, 64 QAM, 256 QAM (DL) BPSK, QPSK, 16 QAM, 64 QAM (UL)

2)Band 41 天线特性(表 4-47)

表 4-47 AAHF 天线特性

属性	值
总 TX RF 输出功率	120 W
天线增益(视轴)	大于或等于 24 dBi
总平均 EIRP	74.7 dBm

属性	值
水平转向角	60°
水平波束宽度	12.5°(视轴)
垂直转向角	10°
垂直波束宽度	9°(视轴)
旁瓣抑制	小于或等于−13 dB(视轴,公差 2 dB)

3)电气规格(表 4-48)

表 4-48 AAHF 电气规格

属性	值
标称电源电压	−48.0 V DC
标称输入电压范围	−48 V DC 电压(−57～−40.5 V)
扩展输入电压范围	—

4)能量消耗(表 4-49)

表 4-49 AAHF 能量消耗

属性	值
典型功耗(3×40 W 输出功率)	1 031 W
最大功耗(3×40 W 输出功率)	1 288 W
有关在 23 ℃时 48 VDC 输入的估计功耗[W]的信息,未提交的估计值取决于最终产品 HW 和 SW 优化,保证金为±−10%。每 24 小时 ETSI 平均值的典型值	

5)安装和机械规格(表 4-50)

表 4-50 AAHF 安装和机械规格

属性	值
安装选项	• 杆安装 • 墙面安装
IP 等级	IP65
相关的可选项	• Flexi 杆安装套件(FPKA / B / C) • ASAB AirScale MDR26-open EAC 电缆 5 m (474621A) • AOPA AirScale OCTIS 插头套件 QSFP＋(474686A) • AOPB AirScale OCTIS Artic。分机套件 QSFP＋(474697A) • FOCZ QSFP＋4×10G 10 公里 SM (474335A) • APPB AirScale2 55A DC 插头 3.3～10 mm²(474282A) • APPC AirScale2 55A DC 插头 10～16 mm²(474283A)

5)环保规范(表 4-51)

表 4-51　AAHF 环保规范

属性	值
室外最高工作温度(阴凉处)	55 ℃ (131 ℉)
最大工作室外温度(在阳光下)	55 ℃ (131 ℉)
最高室内温度	45 ℃ (113 ℉)
最低工作温度	−40 ℃ (−40 ℉)

4.2.7　AEWF AirScale MAA 2T2R 512 AE n260 8 W

AEWF 诺基亚 AirScale MAA 2T2R 512 AE n260 8 W 是诺基亚无线电单元,带有集成天线,用于 39 GHz 频率的 5G 操作。

AEWF 诺基亚 AirScale 具有以下特点。

1)功能规范(表 4-52)

表 4-52　AEWF 功能规范

属性	值
TXRX 的数量	2TX2RX
SW 支持的技术	5G
双工模式,支持标准	TDD, 3GPP
户外安装	是
频率范围	37.0～40.0 GHz,3GPP 频段 n260
波束成形	模拟,2TRX,2×16×16 相控阵天线,每极化 256 个天线单元
MIMO 流/波束的数量	2
最大。iBW(瞬时带宽)/ oBW(占用带宽)	800 MHz/800 MHz
运营商配置	$N×50$ MHz $+$ $M×100$ MHz,其中 $N+M$ 小于或等于 8
QAM 调制	QPSK, 16 QAM, 64 QAM
TX EVM / RX EVM	<5% (64 QAM)/5% (64 QAM)

2)带 n260 天线特性(表 4-53)

表 4-53　AEWF 天线特性

属性	值
总 TX RF 输出功率	25 dBm(2 光束),28 dBm,带可选风扇单元
天线增益	26 dBi(视轴),29 dBi,带可选风扇单元
总平均 EIRP	51 dBm,57 dBm,带可选风扇单元
水平扇区宽度	90°(3 dB),120°(8 dB)
水平波束宽度	6.5°(3 dB、视轴、中频)
水平转向角	±60°(8 dB)
垂直扇形宽度	22.5°(1.5 dB),45°(2 dB)

第5章 gNB硬件安装项目实训

5.1 安装施工前准备

施工前准备好各种参考文档,施工中所需要用到的工具仪表,进行施工的安装人员需要具备的技能与条件。

1. 文档准备

安装开始前,请确保已经学习并掌握了以下文档中的信息。

安装开始前,请确保熟悉包括gNB硬件,gNB硬件维护,gNB快速安装等内容,如下:

《gNB硬件描述》

《gNB硬件维护指南》

《TP48600A—H17B1用户手册》

《TP48600A—H17B1快速安装指南》

2. 工具仪表准备

进行安装操作之前需要提前准备下列工具和仪表如表5-1所示。

表5-1 安装操作需要准备的工具和仪表

记号笔、水平尺	十字螺丝刀(M3~M6) 一字螺丝刀(M3~M6)	斜口钳
两用扳手(32 mm)	套筒扳手	力矩扳手
电源线压线钳	水晶头压线钳	剪线钳
橡胶锤	电烙铁	剥线钳
冲击钻(Ø16)	热风枪	内六角扳手(M10)
工具刀	防静电手套	防静电腕带
万用表	长卷尺	吸尘器

3. 机房环境检查

(1)检查机房是否存在水淹、火灾、坍塌等危害人身安全及设备安全的隐患。

(2)检查机房装修、电力电源、空调、照明、走线架、抱杆的安装等是否已经完成。

(3)检查机房的防雷设施是否完成,室内地排和室外地排是否具备。

(4)根据设计图纸查看设备的安装位置和空间是否满足要求。

4. 设备检查

(1)开箱之前检查货物是否存在明显的变形和损坏,如果有损坏请立即反馈损坏情况,并拍照保留装箱清单。

（2）开箱验货,设备的数量和型号是否与发货清单以及装箱清单一致,确认无误后请在督导、监理和施工队清单上签字确认。

5. 施工安全检查

（1）检查施工人员的安全施工装备:安全帽、安全带、施工警戒标识和隔离带等。

（2）检查施工人员的职业技能证:登高证、电力操作相关的证件等。

5.1.1　BBU 安装准备

1. 环境及供电要求

介绍在安装过程中,应注意的环境及供电要求,如表 5-2 所示。

表 5-2　注意环境及供电要求

设备	温度	相对湿度	工作电压范围
BBU(Airscale)	−40～55 ℃	5％RH～95％RH	BBU 正常工作电压范围是−57～−38.4 V DC

2. 安装空间要求

BBU(Airscale)安装在 19 英寸标准机柜场景下,应满足如下空间要求:

（1）BBU(Airscale)左侧预留出 25 mm 的通风空间。

（2）BBU(Airscale)右侧预留出 25 mm 的通风空间。

（3）BBU(Airscale)面板前方需预留出 70 mm 的走线空间,800 mm 的维护空间。

具体空间要求如图 5-1 所示。

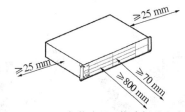

图 5-1　BBU(Airscale)安装在 19 英寸标准机柜的空间要求

BBU(Airscale)的连线规范如图 5-2 所示。

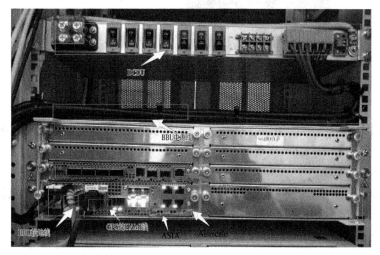

图 5-2　BBU(Airscale)的连线规范

1)安装方式

在 19 英寸机架中,放入 BBU,锁紧两侧固定螺钉,螺钉的规格 2×M6,如图 5-2 所示。

2)接地线的连接(图 5-2)

(1)BBU 需要布放一根接地线,就近连接到机架的接地排。

(2)BBU 接地线连接到机架内部接地排,则使用 6 m² 接地线;如果连接到机房室内总接地排,则需要 16 m² 接地线,接地线两端贴上标签。

(3)BBU 接地端子,使用 M5×12 梅花螺丝。

3)电源线的连接(图 5-2)

(1)BBU 直流电源线线经为 2×6 m²,直流电源线剥出 15~20 mm 线头。

(2)插入直流电源线并锁紧接线柱,注意接线后铜丝不得外露。

(3)BBU 电源线接在 DCDU 的正负极上。

4)数字 GPS(FYGB)天线和防雷盒(FYEA)的安装(图 5-3)

将 GPS 支架固定于墙壁或抱杆上 GPS 天线与支架组装。

(1)防雷盒室内安装在馈线窗附近,并将接地线连接到室外接地排。

(2)数字线缆屏蔽层要与 PE 连接,天线需安装在避雷针保护范围内。

(3)天线上方 90°范围内无遮挡物,应远离强电磁场或干扰的环境,应保证 GPS 搜星数量和信号增益。

(4)防雷盒上的小箭头是用来定位的,防止盖子和主体方向接错。

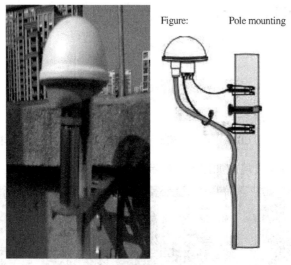

图 5-3　GPS 天线安装示意图

GPS 防雷盒盖上的小箭头与主体上箭头对齐。在线缆连接时,黑色防水垫圈必须安装。防雷盒安装示意图如图 5-4 所示。

3. 获取 ESN

ESN(Electronic Serial Number,电子序列号)是用来唯一标识一个网元的标志。在启动安装前需要预先记录 ESN,以便基站调测时使用。

记录 ESN 的方法如下所述。

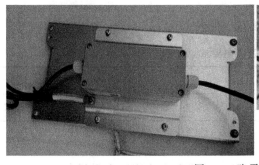

GPS 防雷盒盖上的小箭头与主体上箭头对齐

图 5-4　防雷盒安装示意图

1)记录 BBU 盒体上的 ESN

(1)如果 BBU 的 FAN 模块上没有标签,则 ESN 贴在 BBU 挂耳上,如图 5-5 所示,需手工抄录 ESN 和站点信息。

(2)如果 BBU 的 FAN 模块上挂有标签,则 ESN 同时贴于标签和 BBU 挂耳上,如图 5-6 所示。将标签取下,在标签上印有"Site"的页面记录站点信息。

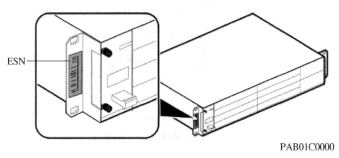

PAB01C0000

图 5-5　ESN 位置(一)

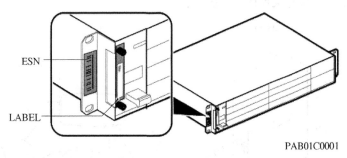

PAB01C0001

图 5-6　ESN 位置(二)

2)将 ESN 和站点信息上报给基站调测人员

说明:对于现场有多个 BBU 的站点,请将 ESN 逐一记录,并上报给基站调测人员。

5.1.2　室外 AAS 的安装

按照站点准备要求规划和建设安装设备,是设备得以顺利安装、开通和稳定运行的必要条件。站点准备包括:环境及供电要求、安装空间要求。

1. 环境及供电要求

介绍在安装过程中,应注意的环境及供电要求,如表 5-3 所示。

表 5-3 环境及供电要求

设备	温度	相对湿度	工作电压范围
AAS(AC)	−40～+55 ℃	5%RH～100%RH	AAS 正常工作电压范围是−100～240 V AC

2. 安装空间要求

介绍单 AAS 的安装空间要求,包括推荐安装空间要求和最小安装空间要求。

1)推荐安装空间要求

AAS 可以抱杆安装,也可以对墙安装,推荐安装空间要求如图 5-7 所示。

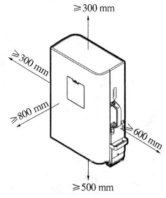

图 5-7 AAS 推荐安装空间要求

2)最小安装空间要求

AAS 最小安装空间要求如图 5-8 所示。

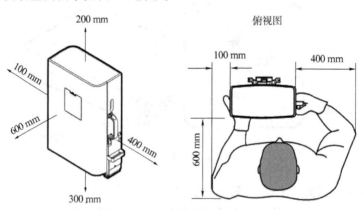

图 5-8 AAS 最小安装空间要求

3)塔上最小安装空间要求

AAS 塔上最小安装空间要求如图 5-9 所示。

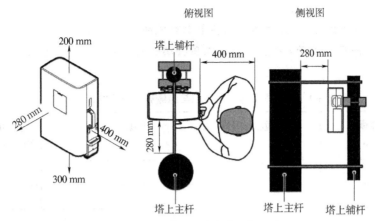

图 5-9 AAS塔上最小安装空间要求

5.1.3 线缆装配

提供无线接入网设备的安装指导,包括线缆接头制作、吊装 AAS 上塔、接地夹的安装方法等。

1. 装配 OT 端子与电源电缆

介绍单孔 OT 端子与电源电缆的装配步骤。

说明: 单孔 OT 端子与电源电缆组件的物料组成如图 5-10 所示。

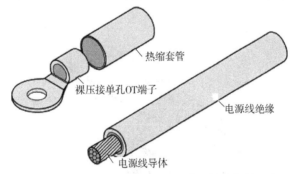

图 5-10 单孔 OT 端子和电源电缆组件的物料组成

操作步骤如下:

根据电源电缆导体截面积的不同,将电源电缆的绝缘剥去一段,露出长度为"L1"的电源电缆导体,如图 5-11 所示,"L1"的推荐长度如表 5-4 所示。

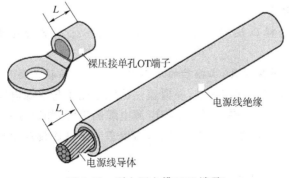

图 5-11 剥电源电缆(OT 端子)

注意:

(1)剥电源电缆绝缘时,注意不要划伤电源电缆的金属导体。

(2)配发的裸压接端子,可根据实际裸压接端子的"L"值适当调整"L_1"的值,$L_1 = L + (1\sim2)\,\text{mm}$。

表 5-4　电源电缆导体截面积与绝缘剥去长度"L_1"的对照表

电源电缆导体截面积/mm²	电源电缆绝缘剥去长度 L_1/mm	电源电缆导体截面积/mm²	电源电缆绝缘剥去长度 L_1/mm
1	7	10	11
1.5	7	16	13
2.5	7	25	14
4	8	35	16
6	9	50	16

说明:对于剥绝缘长度,现场实际操作熟练后,可直接用连接器的待压接部位与电缆进行对比。

将热缩套管套入电源电缆中,如图 5-12 所示。

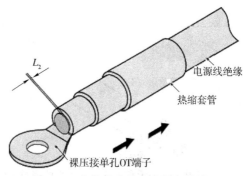

图 5-12　套热缩套管以及裸压接端子

将 OT 端子套入电源电缆剥出的导体中,并将 OT 端子紧靠电源电缆的绝缘,如图 5-12 所示。

注意:OT 端子套接完成后,电源电缆的导体露出裸压接端子的 L_2 部分,其长度不得大于 2 mm,如图 5-12 所示。

使用压接工具,将裸压接端子尾部与电源电缆导体接触部分进行压接,如图 5-13 所示。

说明:由于不同的压接模具,压接后的端面形状以实际压接工具压接出的情况为准。

将热缩套管往连接器体的方向推,并覆盖住裸压接端子与电源电缆导体的压接区,使用热风枪将热缩套管吹缩,完成裸压接端子与电源电缆的装配,如图 5-14 所示。

注意:使用热风枪时,吹缩时间不宜过长,热缩套管紧贴连接器即可,以免烫伤绝缘层。

2. 安装接地夹

介绍接地夹的安装步骤如下所述。

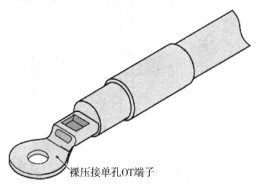

图 5-13 裸压接端子尾部与电源电缆导体接触部分压接(OT 端子)

图 5-14 吹热缩套管(OT 端子)

1)安装接地夹方法 1

(1)确定 AAS 电源线或 FE/GE 网线的接地位置,剥去电源线外皮 25 mm 左右,露出屏蔽层。

(2)拧松接地夹上的螺钉,将 AAS 电源线或 FE/GE 网线穿过接地夹。

(3)将 AAS 电源线或 FE/GE 网线屏蔽层和接地夹压紧,拧紧接地夹上 M4 螺钉,紧固力矩为 1.2 N·m。

说明:机柜内部有 2 个接地夹,如果 AAS 电源线和 FE/GE 网线一起接地,要保证两者都可靠接地。两者的配合接地方式参考如下:

①AAS 电源线为 1 根或 2 根时,电源线和 FE/GE 网线安装在同一个接地夹上,固定在同一侧。

②当 AAS 电源线为 3 根或 6 根时,电源线安装在同一个接地夹上,单侧 3 根;FE/GE 网线固定在另一个接地夹上。

③当 AAS 电源线为 4 根时,电源线安装在同一个接地夹上,单侧 2 根;FE/GE 网线固定在另一个接地夹上。

④当 AAS 电源线为 5 根时,其中 4 根固定在同一个接地夹上,单侧 2 根;FE/GE 网线和另 1 根电源线固定在另一个接地夹上,固定在同一侧,如图 5-15 所示。

2)安装接地夹方法 2

IMB03、TP48200B 机柜场景下,AAS 电源线的安装方法如下所述。

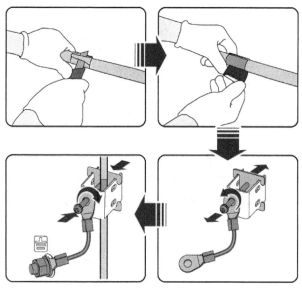

图 5-15　安装接地夹

（1）用工具刀将电源线外皮剥去 63 mm 左右，露出屏蔽层，如图 5-16 所示。

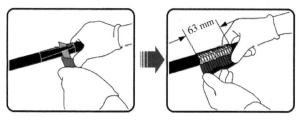

图 5-16　剥电源线外皮

（2）将接地夹铜片紧裹在线缆屏蔽层上，用扎线带绑扎紧密，沿着扎线带头部平齐剪断，不留锋边，如图 5-17 所示。

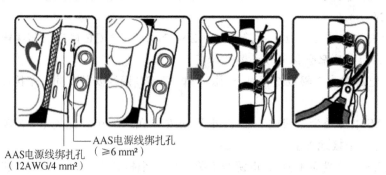

AAS电源线绑扎孔
（12AWG/4 mm²）

AAS电源线绑扎孔
（≥6 mm²）

图 5-17　安装接地夹铜片并绑扎

（3）在接地夹处缠绕三层防水胶带和三层绝缘胶带，如图 5-18 所示。

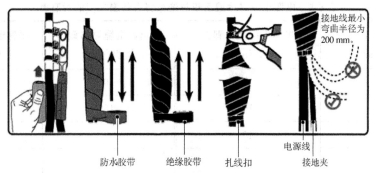

防水胶带　　绝缘胶带　　扎线扣　　电源线　　接地夹

注意:从扎线带头部 3～5 mm 处剪断线扣。

图 5-18　缠绕防水胶带与绝缘胶带

3. 装配冷压端子与电源电缆

介绍冷压端子与电源电缆的装配步骤。

说明:冷压端子与电源电缆组件的物料组成如图 5-19 所示。

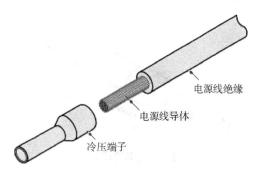

图 5-19　冷压端子和电源电缆组件的物料组成

操作步骤如下:

AAS 电源线如图 5-18 所示,其安装方法是:根据电源电缆导体截面积的不同,将电源电缆的绝缘剥去一段,露出长度为"L_1"的电源电缆导体,如图 5-20 所示,"L_1"的推荐长度如表 5-5 所示。

注意:剥电源电缆绝缘时,注意不要划伤电源电缆的金属导体。

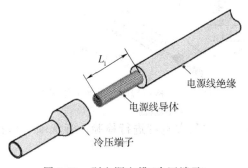

图 5-20　剥电源电缆(冷压端子)

表 5-5　电源电缆导体截面积与绝缘剥去长度"L_1"的对照表

电源电缆导体截面积/mm²	电源电缆绝缘剥去长度 L_1/mm	电源电缆导体截面积/mm²	电源电缆绝缘剥去长度 L_1/mm
1	8	10	15
1.5	10	16	15
2.5	10	25	18
4	12	35	19
6	14	50	26

将冷压端子套入电源电缆剥出的导体中,并使电源电缆的导体与冷压端子的端面平齐,如图 5-21 所示。

注意:冷压端子套接完成后,电缆的导体露出冷压端子的长度不得大于 1 mm。

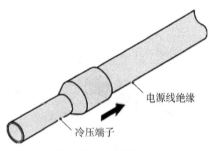

电源线绝缘

冷压端子

图 5-21　套冷压端子

使用压接工具,选择合适的截面积,将冷压端子头部与电源电缆导体接触部分进行压接,如图 5-22 所示。

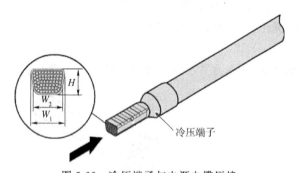

冷压端子

图 5-22　冷压端子与电源电缆压接

端子压接后,应对压接后的最大宽度进行检验。管状端子压接后的宽度应小于表 5-6 所规定的宽度。

表5-6 管状端子压接宽度规范

管状端子截面积/mm²	端子的最大压接宽度 V1/mm
0.25	1
0.5	1
1.0	1.5
1.5	1.5
2.5	2.4
4	3.1
6	4
10	5.3
16	6
25	8.7
35	10

4. 线缆的折弯半径要求

布放线缆时,线缆的折弯半径需要满足规定的布放要求,以防信号间干扰。

线缆的折弯半径要求具体如下:

(1)馈线弯曲半径要求:7/8英寸馈线大于250 mm,5/4英寸馈线大于380 mm。

(2)跳线弯曲半径要求:1/4英寸跳线大于35 mm,1/2英寸跳线(超柔)大于50 mm,1/2英寸跳线(普通)大于127 mm。

(3)电源线、保护地线弯曲半径要求:不小于线缆直径的5倍。

(4)光纤弯曲半径要求:不小于光纤直径的20倍。

(5)信号线弯曲半径要求:不小于线缆直径的5倍。

5.1.4 安装质量规范和质量控制点

1. 室内及室外线缆走线规范

(1)电缆/光缆布放规范合理,在走线架上平整不得交叉。

(2)建议将电源线、保护地线、AAS直流电源线绑扎在一起,GPS线缆与光缆绑扎在一起走线,即电源线和信号线分开走线。

(3)线缆捆扎整齐,扎带间距相等,方向一致;所有室内线扣应齐根剪平,无刃口。

(4)室内使用白色扎带,室外使用黑色扎带,室外线缆的线扣要预留3～5扣,在有走线架的环境下使用3连卡馈线卡来固定线缆。

2. 室外线缆防水

(1)RRU电源线屏蔽层在做接地时,外皮剥开处需要做1＋3＋3(一层绝缘胶带＋3层防水胶泥＋3层绝缘胶带)防水,三层绝缘胶带应从下侧往上侧开始缠绕,完成后两头用黑色扎带做紧固。

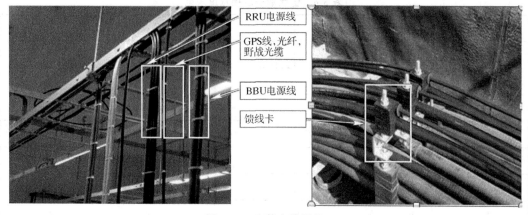

图 5-23　室外走线规范

（2）室外安装时所有的端口都要使用相应的密封胶套做防护，前后护罩安装完整，未使用的端口需使用橡胶塞封堵。使用 1＋3＋3（1 层绝缘胶带＋3 层防水胶泥＋3 层绝级胶带）防水。室外防水规范如图 5-24 所示。

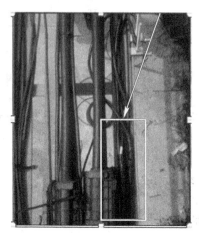

图 5-24　室外防水规范

3. 标签和标牌

室内 BBU 侧使用黄颜色标签纸，线缆两端相互对应，标签朝向一致，对端面朝观察侧；室外使用蓝色挂牌标签，用扎带固定在线缆两端，如图 5-25 所示。

4. 安装完成后检查

（1）设备上电前需确保所有线缆连接正确，所接空开处于断路状态，用万用表测电压值是否符合要求。

（2）上电步骤从远到近，从电源柜加电-DCDU 加电-BBU/AAS 逐次加电。

（3）离站之前，必须执行以下步骤：

①联系网络控制中心告知离开情况；

② 清理现场垃圾；

③关闭并锁上机房和机架 BBU 门；

图 5-25　标签规范

④确保站点的安全并交接给站点负责人/管理员。

5.2　安装场景

5.2.1　基站典型安装场景

基站由 BBU 和 AAS 组成。对于需要采用分散安装的场景,可将 AAS 靠近天线安装以减少馈线损耗,提高基站的性能。

基站典型安装场景如表 5-7 所示。

表 5-7　基站典型安装场景

站点环境		安装场景
室外	输入电源为 110 V AC 或 220 V AC	BBU 安装在 APM30H(Ver. B)/APM30H(Ver. C)/APM30H(Ver. D)中,RRU 拉远安装,APM30H(Ver. B)/APM30H(Ver. C)/APM30H(Ver. D)为 BBU 和远端 RRU 供电,如图 5-26 中"场景 1"所示
	输入电源为 −48 V DC	BBU 安装在 TMC11H(Ver. B)/TMC11H(Ver. C)/TMC11H(Ver. D)中,RRU 拉远安装,TMC11H(Ver. B)/TMC11H(Ver. C)/TMC11H(Ver. D)为 BBU 和远端 RRU 供电,如图 5-26 中"场景 1"所示
室内	输入电源为 −48 V DC	BBU 安装在 IMB03(Indoor Mini Box)中,RRU 集中安装在 IFS06(Indoor Floor installation Support)上,如 5-26 中"场景 2"所示
		BBU 安装在墙面上,RRU 室外拉远安装,如 5-26 中"场景 3"所示

DBS3900 典型安装场景逻辑图如图 5-26 所示。

5.2.2　AAS 安装场景

本节将介绍 AAS 的主要安装场景:抱杆安装以及挂墙安装。

1. 抱杆安装

在抱杆安装场景下,安装要求如下:

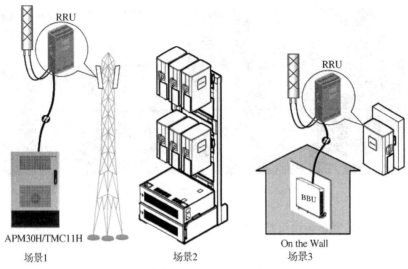

APM30H/TMC11H

On the Wall

场景1　　　　　　　　　　　　场景2　　　　　　　　　　场景3

图 5-26　DBS3900 典型安装场景逻辑图

抱杆安装 AAS 支持的抱杆直径范围为 60～114 mm,推荐值为 80 mm。抱杆直径规格如图 5-27 所示。

同一抱杆,安装单个或两个 AAS 时,可以安装直径为 60～76 mm 的抱杆上;安装两个以上 AAS 时,必须安装在直径为 76～114 mm 的抱杆上。

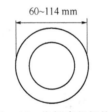

60~114 mm

图 5-27　抱杆直径规格

抱杆安装 AAS 示意图如图 5-28、图 5-29 所示。

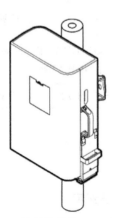

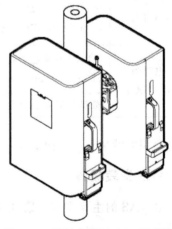

图 5-28　抱杆安装单 AAS 示意图　　　　　图 5-29　抱杆安装双 AAS 示意图

2. 挂墙安装

在挂墙安装场景下,安装 AAS 示意图如图 5-30 所示。

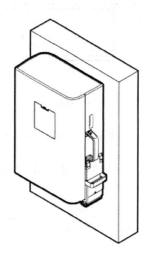

图 5-30　挂墙安装 AAS 示意图

5.3　BBU 硬件安装

5.3.1　安装机柜

根据安装环境的不同,APM30H、TMC11H、IBBS200D/IBBS200T 机柜可在水泥地面上安装、抱杆上安装以及在墙面上叠装。

1. 在水泥地面上安装机柜

APM30H、TMC11H、IBBS200D/IBBS200T 机柜在水泥地面上安装时,需先在水泥地面上安装底座,再将机柜安装到底座上,如果有需要的话,还可以在机柜上堆叠一个机柜。

1)安装底座

APM30H、TMC11H、IBBS200D/IBBS200T 机柜在水泥地面上安装时,需先在水泥地面上安装底座,以下内容介绍了在水泥地面上安装底座的操作步骤和注意事项。

APM30H、TMC11H、IBBS200D/IBBS200T 机柜支持单机柜安装、多机柜肩并肩安装和在电池柜上堆叠安装。各类机柜遵循一定的配置原则进行组合摆放,配置原则以及摆放位置请参见配套机柜配置。

并柜安装时,两机柜间距最小为 40 mm,最大不超过 150 mm。有 NRM(降噪模块)安装需求的场景,柜间间距为 300 mm。机柜安装空间要求如图 5-31 所示。

说明:图 5-31 中的三个机柜可以是 APM30H、TMC11H 和 IBBS200D/IBBS200T 中的任何一个机柜。

操作步骤如下:

(1)定位底座;

(2)根据施工平面设计图和机柜安装空间要求,确定机柜的安装位置;

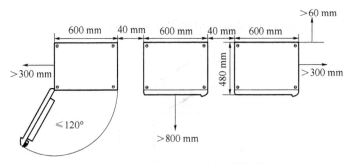

图 5-31　机柜安装空间要求(俯视图)

(3)在水泥基础上标注出定位点,如图 5-32 中圆圈所示,确定底座的安装位置。

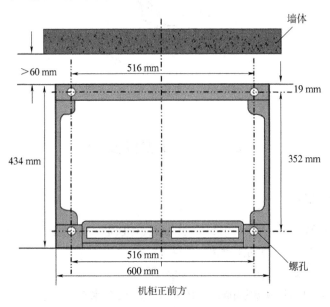

图 5-32　底座安装孔位图

(4)划完所有孔位线后,用长卷尺对孔间尺寸再次进行测量,核对是否准确无误。在定位点处打孔并安装膨胀螺栓,如图 5-33 所示。

选择钻头 φ16,用冲击钻在定位点处打孔,打孔深度 52~60 mm。

注意:禁止用冲击钻直接从底座往下打孔,此操作会损伤底座的油漆涂层。为防止打孔时粉尘进入人体呼吸道或落入眼中,操作人员应采取相应的防护措施。

(5)使用吸尘器将所有孔位内部、外部的灰尘清除干净,再对孔距进行测量,对于误差较大的孔需重新定位、打孔。

(6)将膨胀螺栓略微拧紧,然后垂直放入孔中。

(7)用橡胶锤敲击膨胀螺栓,直至膨胀管全部进入孔内,并拧紧螺栓。

(8)反方向拧出螺栓、弹垫和平垫。

注意:分解膨胀螺栓后,膨胀管的上端面必须保证与水泥地面相平,不凸出水泥地面,否则会使机柜在地面上摆放不平。

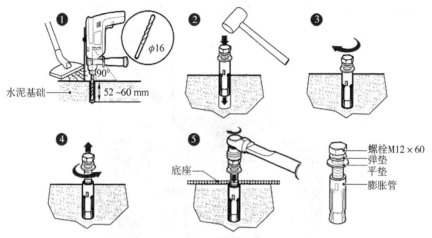

图 5-33　在水泥基础上打孔

（9）定位底座，拧入螺栓、弹垫和平垫，如图 5-34 所示。

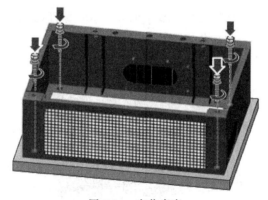

图 5-34　定位底座

（10）用水平尺检测底座是否处于水平状态，若不水平，使用调平垫片进行调节，如图 5-35
所示。

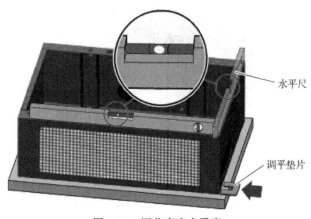

图 5-35　调节底座水平度

(11)使用力矩扳手拧紧螺栓,建议力矩 45 N·m,如图 5-36 所示。

图 5-36　固定底座螺栓

(12)使用十字螺丝刀拧松底座前盖板上的 3 颗 M4 螺钉,拆除前盖板,如图 5-37 所示。
说明:请勿丢弃前盖板,后续仍需使用。

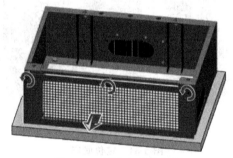

图 5-37　拆除底座前盖板

(13)移开底座两侧的挡板(以左侧为例),如图 5-38 所示。

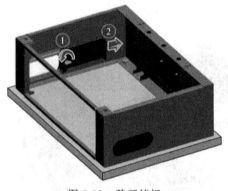

图 5-38　移开挡板

(14)拆除底座后部的挡板,如图 5-39 所示。

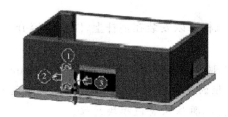

图 5-39　拆除后部挡板

2)在底座上安装机柜

在水泥地面上完成安装底座后,再将机柜安装到底座上,以下内容介绍了机柜在底座上安装的操作步骤和注意事项。

操作步骤如下所述。

(1)将机柜搬运至底座上,使机柜和底座的螺栓孔位完全对应,如图 5-40 所示。

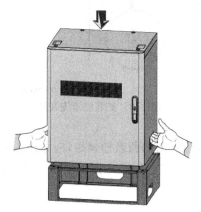

图 5-40　搬运 IBBS200D 机柜至底座上

(2)用 4 个 M12×35 螺栓将机柜固定在底座上,使用力矩扳手拧紧固定,紧固力矩为 45 N·m,如图 5-41 所示。

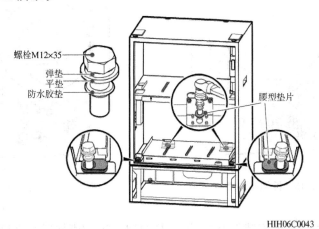

HIH06C0043

图 5-41　在底座上固定 IBBS200D 机柜

2. 在抱杆上安装机柜

APM30H、TMC11H 机柜可以安装在抱杆上,以下内容介绍机柜在抱杆上安装的操作步骤和注意事项。

说明:机柜挂高不超过 10 m;抱杆直径范围为 60～114 mm。

注意:在 APM30H 机柜的安装过程中,紧固机柜底部螺栓前,需先从机柜底部依次拆除三个假模块,在完成固定后,再依次将假模块复位。

操作步骤如下所述。

(1)在抱杆上合适的高度,用四颗 M12×180 的螺栓紧固梯形安装件,如图 5-42 所示。

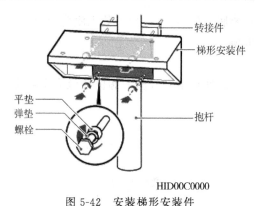

HID00C0000

图 5-42　安装梯形安装件

(2)拆卸机柜顶部靠近机柜背面的两颗塑料螺钉,如图 5-43 所示。

(3)在机柜顶部安装紧固条,并用套筒扳手紧固两颗 M12×35 的螺栓,如图 5-44 所示。

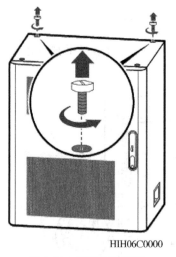

HIH06C0000

图 5-43　拆卸塑料螺钉

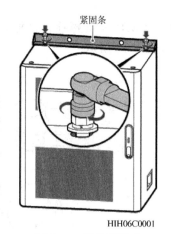

HIH06C0001

图 5-44　安装紧固条

(4)将机柜移动到梯形安装件上面,用四颗 M12×35 的螺栓紧固机柜和梯形安装件,并使用套筒扳手拧紧,如图 5-45、图 5-46 所示。

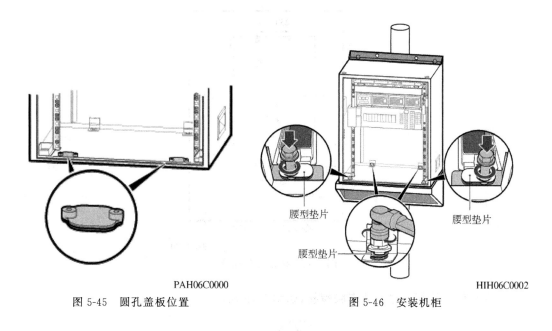

PAH06C0000
图 5-45　圆孔盖板位置

HIH06C0002
图 5-46　安装机柜

（5）将 U 形安装件穿过机柜顶部紧固条上孔位，如图 5-47 所示。

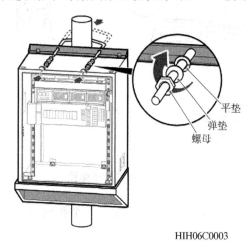

HIH06C0003
图 5-47　安装 U 形安装件

3. 在墙面上安装机柜

APM30H、TMC11H 机柜可以安装在墙面上，以下内容介绍机柜在墙面上安装的操作步骤和注意事项。

说明：机柜挂高不超过 10 m。

注意：在 APM30H 机柜的安装过程中，紧固机柜底部螺栓前，需先从机柜底部依次拆除三个假模块，在完成固定后，再依次将假模块复位。

操作步骤如下所述：

（1）将划线模板紧贴在墙面上，根据划线模板上的标示标记 6 个安装孔位，如图 5-48 所示。

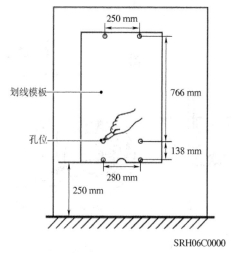

图 5-48　标记安装孔位

（2）在定位点处打孔并安装膨胀螺栓，如图 5-49 所示。

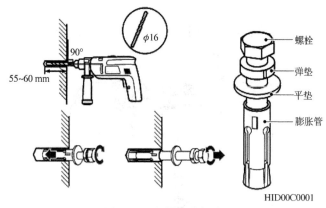

图 5-49　安装膨胀螺栓

（3）将梯形安装件对准位于墙面上位于下方的 4 个孔位，使用 4 颗 M12×60 的螺栓紧固梯形安装件，如图 5-50 所示。

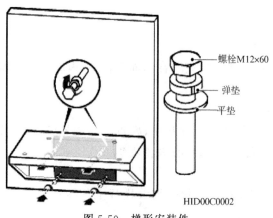

图 5-50　梯形安装件

(4)拆除机柜顶部靠近机柜背面的两颗塑料螺钉,如图 5-51 所示。

(5)在机柜顶部安装紧固条,并用套筒扳手紧固两颗螺栓,如图 5-52 所示。

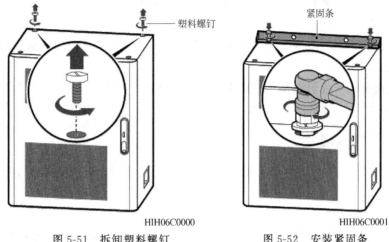

图 5-51　拆卸塑料螺钉　　　　　图 5-52　安装紧固条

(6)将机柜移动到梯形安装件上面,用四颗 M12×35 的螺栓紧固机柜和梯形安装件,并使用套筒拧紧,如图 5-53、图 5-54 所示。

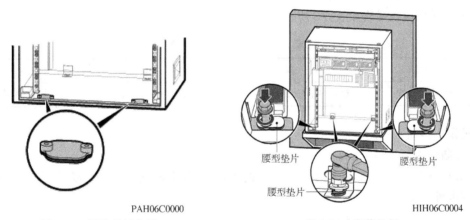

图 5-53　圆孔盖板位置　　　　　图 5-54　安装机柜

(7)使用两颗螺栓,将紧固条固定在墙面上,如图 5-55 所示。

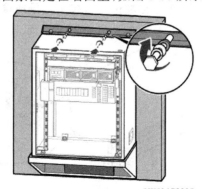

图 5-55　固定紧固条

5.3.2　安装 BBU 模块

介绍 BBU 模块安装在 19 英寸标准机柜中方法和步骤。

1. 安装机框,安装单板如下所述。

(1)将单板模块缓缓推入要安装的槽位,卡紧后,用十字螺丝刀拧紧面板上的 2 颗 M3 螺钉(扭力矩:0.6 N·m)。

(2)空闲槽位须安装假面板。将假面板与空闲槽位对齐并卡紧后,用 M3 十字螺丝刀拧紧假面板上的 2 颗 M3 螺钉(扭力矩:0.6 N·m)。

5.3.3　安装线缆

介绍 BBU 安装在 19 英寸标准机柜场景下,保护地线、电源线、FE/GE 防雷转接线、传输线和 CPRI 光纤的安装步骤和注意事项。

1. 安装保护地线

现场需要安装的保护地线有:19 英寸标准机柜保护地线、BBU 保护地线和电源设备保护地线。

说明:BBU 保护地线用于保证 BBU 的良好接地。OMB501(AC)、OMB501(DC)、TP48200B 无须安装 BBU 保护地线。

BBU 保护地线规格如表 5-8 所示。

表 5-8　BBU 保护地线规格

线缆名称	一端	另一端	备注
BBU 保护地线	OT 端子(6 mm², M4)	OT 端子(6 mm², M8)	黄绿色线缆

操作步骤如下所述。

(1)制作 BBU 保护地线。

(2)根据实际走线路径,截取长度适宜的电缆;给线缆两端安装 OT 端子,参见装配 OT 端子与电源电缆。

(3)安装 BBU 保护地线。

(4)BBU 保护地线 OT 端子为 M4 的一端连接到 BBU 上接地端子,另一端 M8 的 OT 端子连接到外部接地排(如果 19 英寸标准机柜有接地地排或接地螺钉,则另一端 M8 的 OT 端子连接到接地地排或接地螺钉上),如图 5-56 所示。

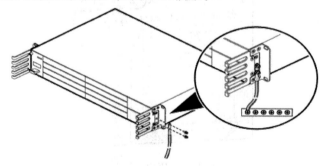

图 5-56　安装 BBU 保护地线

说明：安装保护地线时，应注意压接 OT 端子的安装方向，如图 5-57 所示。

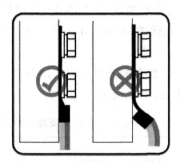

图 5-57 正确安装 OT 端子

2. 安装电源线

下面介绍在 19 英寸标准机柜场景下，机柜电源线、BBU 电源线以及 AAS 电源线的安装方法。

BBU 电源线用于连接电源设备和 BBU，以便从电源设备中取电。

在 19 英寸标准机柜场景下，BBU 电源线的安装方法如下：

(1)安装 BBU 电源线，如图 5-58 所示。

(2)BBU 电源线一端 3V3 连接器连接到 BBU 上 UPEUc 单板的"−48V"接口，并拧紧连接器上螺钉，紧固力矩为 0.25 N·m。BBU3900 电源线另一端连接到 EPS 插框上"LOAD1"接口。若机柜采用非 EPS 供电设备，电源设备侧连接接口请参见配套产品资料。

(3)用扎带捆扎固定线缆，并粘贴标签，具体操作要求可参考工程建设规范。

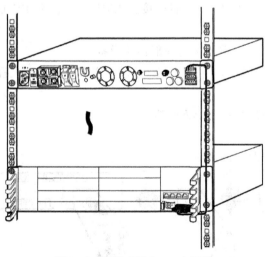

图 5-58 安装 BBU3900 电源线

3. 安装 AAS 电源线

下面介绍在 19 英寸标准机柜场景下，AAS 电源线的安装方法。AAS 电源线用于连接电源设备和 AAS，以便从电源设备中取电。

操作步骤如下所述。

(1)安装 AAS 电源线。

（2）AAS电源线的电源设备连接器连接到电源设备对应的接口。

（3）AAS电源线另一端快速安装型母端（压接型）连接器连接至AAS。连接器上蓝色、黑色\棕色线缆分别对应AAS配线腔内"NEG（－）"和"RTN（＋）"接口。

（4）安装接地夹。

（5）配套机柜AAS电源线接地夹的安装方法，如表5-9所示。其他19英寸标准机柜AAS电源线接地夹的安装方法，请参见机柜配套资料。

表 5-9　配套机柜 AAS 电源线接地夹的安装方法

机柜类型	参见章节
APM30H	安装接地夹方法一
OMB501（AC）	
OMB501（DC）	
IMB03	安装接地夹方法二
TP48200B	

（6）用扎带捆扎固定线缆，并粘贴标签，具体操作要求可参考工程建设规范。

4．安装传输线

现场需要安装的传输线包括FE/GE网线和FE/GE光纤。

19英寸标准机柜场景下，FE/GE网线的安装步骤如下所述。

（1）安装FE/GE网线。

（2）将FE/GE网线的RJ45连接器连接到LMPT单板的"FE/GE0"接口或"FE/GE1"接口。

（3）将FE/GE网线另一端连接到外部传输设备。

（4）用扎带捆扎固定线缆，并粘贴标签，具体操作要求可参考工程建设规范。

5．安装CPRI光纤

CPRI光纤用于连接BBU和AAS，传输CPRI信号。

操作步骤如下所述。

（1）安装光模块，如图5-59所示。

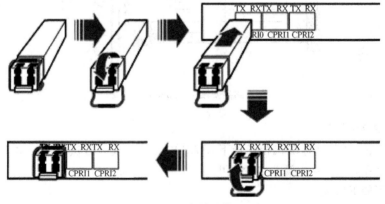

图 5-59　安装光模块

（2）将光模块上的拉环往下翻。

（3）将光模块插入单板的"CPRI"接口。

（4）将另一块相同型号的光模块插入到AAS的"CPRI"接口。

（5）将光模块的拉环往上翻。

（6）拔去光纤连接器上的防尘帽。将CPRI光纤上标示为2A和2B的一端DLC连接器插入到光模块中，如图5-60所示。

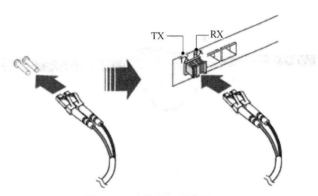

图5-60　安装CPRI光纤

注意： 如果采用两端均为LC连接器的光纤，则BBU单板上"TX"必须对接AAS上的"RX"接口，BBU单板上"RX"接口必须对接AAS上的"TX"接口。

（7）将CPRI光纤沿机柜布线槽布线，经机柜出线孔出机柜。

（8）沿机柜右侧的走线空间布放线缆，用线扣绑扎固定，具体操作要求可参考工程建设规范。

（9）在连接到BBU单板这一端的光纤尾纤处安装光纤缠绕管。光纤缠绕管安装范围一般位于光纤连接器到机柜上第一个扎线扣之间，如图5-61所示。

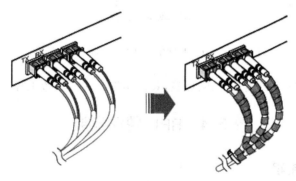

图5-61　安装光纤缠绕管

6. 安装GPS时钟信号线

GPS时钟信号线连接GPS天馈系统，可将接收到的GPS信号作为BBU的时钟基准。操作步骤如下所述。

（1）将GPS时钟信号线的SMA一端连接至LMPT单板的"GPS"接口，如图5-62所示。

（2）GPS时钟信号线在机柜内布线，并通过出线模块将GPS时钟信号线的N母型接头一端连接至GPS防雷器的"Protect"端口，如图5-63所示。

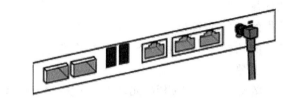

图 5-62　安装 GPS 时钟信号线至 BBU

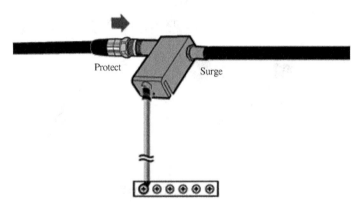

图 5-63　安装 GPS 时钟信号线至 GPS 防雷器

GPS 时钟信号线机柜内走线示意图如图 5-64 所示。

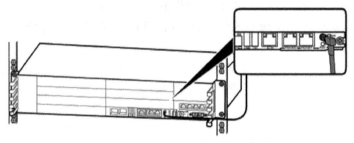

图 5-64　GPS 时钟信号线机柜内走线示意图

(3)用扎带捆扎固定线缆,并粘贴标签,具体操作要求可参考工程建设规范。

5.4　RRU 硬件安装

5.4.1　安装流程

下面将介绍 AAS　FYGA 的安装步骤,主要包括安装 ASS　FYGA 模块、ASS FYGA 光模块、安装 ASS　FYGA 线缆。

AAS　FYGA 实施安装前需要对安装所需附材、设备等进行检查、核对,确保安装所需附材、设备等到位。

5.4.2　安装 AAS　FYGA 模块

介绍抱杆安装以及墙面安装 AAS　FYGA 的方法及注意事项。

安装 AAS FYGA 过程中需要注意以下事项：

（1）AAS FYGA 射频接口不能承重，请勿将 AAS FYGA 竖直放在地面上；

（2）AAS FYGA 放置于地面时，需在 AAS FYGA 下垫泡沫或纸皮以免损伤外壳。

1. 抱杆安装 AAS FYGA

1）安装单 AAS FYGA

下面将介绍在抱杆上安装单 AAS FYGA 步骤和注意事项。

说明：塔上安装时，需要在安装 AAS FYGA 之前将 AAS FYGA 及其安装件绑扎吊装上塔。确认主扣件的弹片已紧固好。

操作步骤如下所述。

（1）标记主扣件的安装位置。

（2）对于塔上安装，请参见安装空间要求标记出主扣件的安装位置。

（3）对于地面安装，请参见图 5-65 标记出主扣件的安装位置。

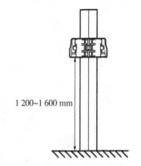

图 5-65　主扣件到地面的距离

（4）将辅扣件一端的卡槽卡在主扣件的一个双头螺母上，然后将主、辅扣件套在抱杆上，再将辅扣件另一端的卡槽卡在主扣件的另一个双头螺母上，如图 5-66 所示。

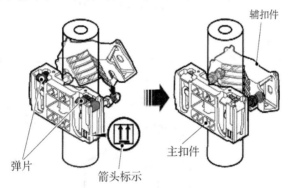

图 5-66　安装主辅扣件

说明：注意主扣件的安装方向应使箭头标识向上。

（5）用力矩扳手拧紧螺母，紧固力矩为 40 N·m，使主辅扣件牢牢的卡在杆体上，如图 5-67 所示。在此过程中，需要同步紧固两个双头螺母，确保主辅扣件两侧间距相同。

（6）将 AAS FYGA 安装在主扣件上，当听见"咔嚓"的声响时，表明 AAS FYGA 已安装到位，如图 5-68 所示。

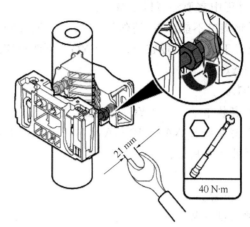

图 5-67　紧固主辅扣件至杆体

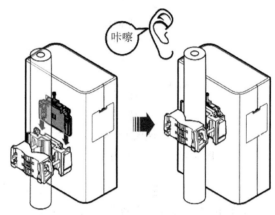

图 5-68　安装 AAS 至主扣件

2)安装双 AAS　FYGA

下面将介绍双 AAS　FYGA 安装在抱杆上的安装步骤和注意事项。

操作步骤如下所述。

(1)先安装一个 AAS　FYGA,如图 5-69 所示。安装过程请参见安装单 AAS　FYGA。

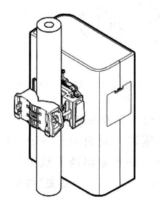

图 5-69　安装第一个 AAS　FYGA

（2）在已安装 AAS　FYGA 的辅扣件上再安装一个主扣件，用于固定第二个 AAS
FYGA，如图 5-70 所示。

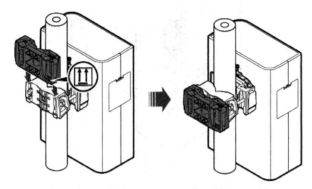

图 5-70　安装第二个主扣件

（3）将第二个 AAS　FYGA 正面的盖板和塑料螺钉与背面的转接件和不锈钢螺钉互换
位置，如图 5-71 所示。

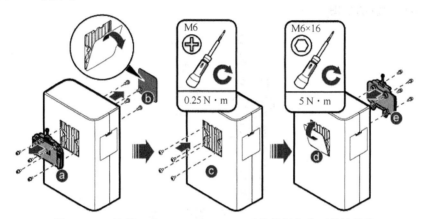

图 5-71　互换第二个 AAS　FYGA 正面的盖板与背面的转接件

（4）使用内六角螺丝刀将 AAS　FYGA 背面的转接件拆卸下来。

（5）拆卸 AAS　FYGA 正面的盖板，使用十字螺丝刀将塑料螺钉拆卸下来。

（6）将塑料螺钉安装到 AAS　FYGA 的背面，用力矩螺丝刀拧紧螺钉，紧固力矩为
0.25 N·m。

（7）将盖板安装到 AAS　FYGA 背面。

（8）将转接件安装到 AAS　FYGA 的正面，用力矩螺丝刀拧紧不锈钢螺钉，紧固力矩为
5 N·m。

（9）将第二个 AAS　FYGA 安装在主扣件上，在将 AAS　FYGA 挂在主扣件上的过程
中，当听见"咔嚓"的声响时，表明 AAS　FYGA 已安装到位，如图 5-72 所示。

2. 挂墙安装 AAS　FYGA

介绍挂墙安装 AAS　FYGA 的步骤和注意事项。

说明：挂墙安装 AAS　FYGA 时，需要注意以下两点：

①对于单个 AAS　FYGA，墙体应能够承受 4 倍于单个 AAS　FYGA 的重量而不损坏；

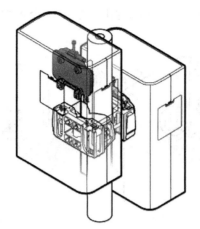

图 5-72　安装第二个 AAS　FYGA 至主扣件

②膨胀螺栓紧固的力矩应达到 30 N·m，膨胀螺栓不会出现打转失效，且墙面不会出现裂纹损坏。

膨胀螺栓示意图如图 5-73 所示。

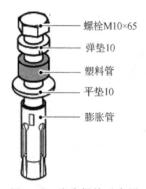

螺栓M10×65
弹垫10
塑料管
平垫10
膨胀管

图 5-73　膨胀螺栓示意图

操作步骤如下所述。

(1)将辅扣件紧贴墙面，用水平尺调平安装位置，用记号笔标记定位点，如图 5-74 所示。

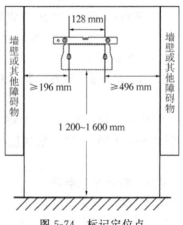

图 5-74　标记定位点

说明: 建议辅扣件距离地面的高度为 1 200～1 600 mm。

在定位点打孔并安装膨胀螺栓,如图 5-75 所示。

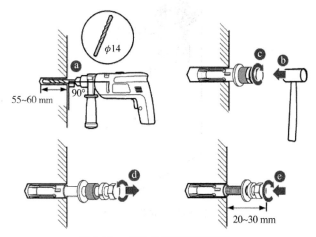

图 5-75　打孔并安装膨胀螺栓

(2)选择钻头 ϕ14,用冲击钻在定位点处垂直墙面打孔,打孔深度 55～60 mm。

小心: 为防止打孔时粉尘进入人体呼吸道或落入眼中,操作人员应采取相应的防护措施。

(3)用橡胶锤敲击膨胀螺栓,直至膨胀管全部进入孔内。

(4)将膨胀螺栓略微拧紧,然后垂直放入孔中。

(5)依次取出 M10×65 螺栓、弹垫、塑料管和平垫。

(6)膨胀螺栓全部拔出后,要将塑料管丢弃。

(7)将膨胀螺栓部分拧入墙内。

注意: 不要将膨胀螺栓全部拧入墙内,膨胀螺栓要露出墙外 20～30 mm 的距离。

(8)将辅扣件卡在膨胀螺栓上,用开口 17 mm 的力矩扳手拧紧膨胀螺栓,紧固力矩为 30 N·m,辅扣件卡放时,安装方向注意箭头标识向上,如图 5-76 所示。

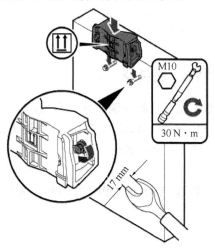

图 5-76　将辅扣件卡在膨胀螺栓上

（9）拧下主扣件上的螺栓并放置适合位置，安装主扣件，如图 5-77 所示。

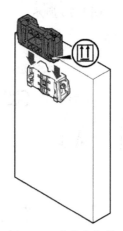

图 5-77　安装主扣件

（10）将 AAS　FYGA 安装在主扣件上，当听见"咔嚓"的声响时，表明 AAS　FYGA 已安装到位，如图 5-78 所示。

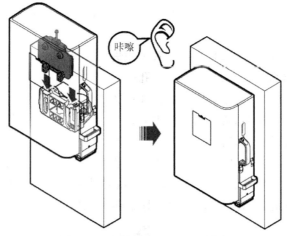

图 5-78　安装 AAS　FYGA 模块

5.4.3　安装 AAS　FYGA 光模块

下面将介绍 AAS　FYGA 光模块的安装步骤和方法。

说明：通过光模块上的"SM"和"MM"标识可以区分光模块为单模光模块还是多模光模块："SM"为单模光模块，"MM"为多模光模块。

操作步骤如下所述。

将光模块上的拉环往下翻，在 AAS 的 CPRI 接口插紧光模块，然后将光模块的拉环往上翻，扣紧即可，如图 5-79 所示。

注意：

①待安装光模块速率应与将要对应安装的 CPRI 接口速率匹配。

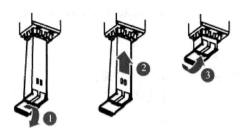

图 5-79　安装光模块

②同一根光纤的两端光模块需保证为同一规格的光模块。如果 AAS 侧连接了低速率的光模块，则整个链路的速率会被拉低；如果两端光模块的拉远距离不同，可能会导致光模块烧毁。

③光模块暴露在外部环境的时间不宜超过 20 分钟，否则会引起光模块性能异常，因此拆开光模块包装后必须在 20 分钟内插上光纤，不允许长时间不插光纤。

5.4.4　安装 AAS FYGA 线缆

介绍 AAS FYGA 的线缆安装过程。安装 AAS FYGA 线缆之前需要确保采用正确的防护措施，如防静电手套，以避免单板、电子部件遭静电损坏。

1. 线缆连接关系

介绍 AAS FYGA 的线缆连接关系。

说明：AAS FYGA 不支持电源线级联。

单 AAS FYGA 配置线缆连接关系如图 5-80 所示。

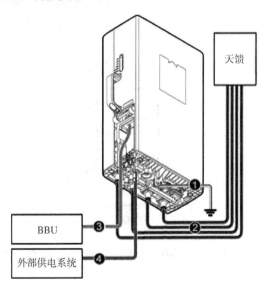

图 5-80　单 AAS FYGA 配置线缆连接关系

1—保护地线；2—AAS FYGA 射频跳线；3—CPRI 光纤；4—AAS FYGA 电源线

2. 安装保护地线

下面将介绍 AAS FYGA 保护地线的安装步骤和方法。

说明：AAS FYGA 保护地线线缆横截面积为 16 mm²，两端的 OT 端子分别为 M6 和 M8。操作步骤如下所述。

（1）制作 AAS FYGA 保护地线。

（2）根据实际走线路径，截取长度适宜的线缆。

（3）给线缆两端安装 OT 端子，参见装配 OT 端子与电源电缆。

（4）安装 AAS FYGA 保护地线。

（5）将 AAS FYGA 保护地线的 OT 端子（M6）连接到 AAS FYGA 接地端子，OT 端子（M8）连接到外部接地排，使用力矩螺丝刀拧紧压线夹上的螺钉，紧固力矩为 4.8 N·m，如图 5-81 所示。

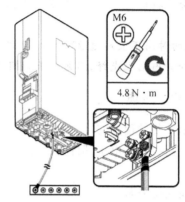

图 5-81　安装 AAS FYGA 保护地线

说明：AAS FYGA 不上塔安装时，通过接地线接到地排上，线长不超过 30 m。

（6）AAS FYGA 上塔安装时，接地线长不超过 5 m，如果塔上没有接地排，用馈线固定夹固定在塔体做接地点。

（7）安装保护地线时，应注意压接 OT 端子的安装方向，如图 5-82 所示。

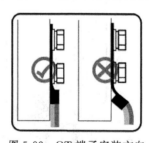

图 5-82　OT 端子安装方向

（8）对 OT 端子连接处进行喷漆保护，喷漆需要覆盖整个 OT 端子连接处，具体操作请参见工程建设规范。

（9）用扎带捆扎固定线缆，并粘贴标签，具体操作要求可参考工程建设规范。

3．安装射频跳线

介绍 AAS FYGA 射频跳线的安装步骤和方法。

说明：不同应用场景，AAS FYGA 配套不同的天线时，射频口配置原则不同，具体描述如下所述。

①普通场景下AAS射频口和天线射频口1对1顺序连接即可。

②AAS分裂成2个2T2R并配套使用2个2path天线,配对原则如下:

射频口1、2一组,射频口3、4一组,每一组2T2R的射频口与2path天线间的射频跳线顺序连接。

③AAS仅配置2T2R并配套使用1个2path天线,此时配对原则如下:

射频口1、2一组,或者射频口3、4一组,每一组2T2R的射频口与2path天线间的射频跳线顺序连接。

操作步骤如下所述。

(1)拆除待安装射频跳线射频接口的防尘帽。

(2)将AAS　FYGA射频跳线的N型连接器连接到ANT接口,另一端连接到外部天馈系统,如图5-83所示。

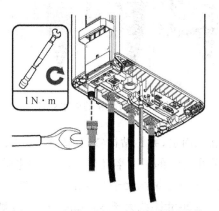

图5-83　安装AAS　FYGA射频跳线

(3)对AAS　FYGA射频跳线的连接端口进行1+3+3(一层绝缘胶带,然后三层防水胶带,最后三层绝缘胶带)防水处理,如图5-84所示。

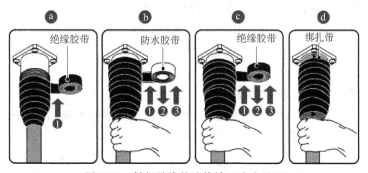

图5-84　射频跳线的连接端口防水处理

说明:①寒冷地区(甘肃、辽宁、青海、黑龙江、内蒙古、西藏、吉林、宁夏、新疆)使用特优型PVC绝缘胶带,其他地区使用普通PVC胶带。

②缠绕防水胶带时,需均匀拉伸胶带,使其为原宽度的1/2。

③逐层缠绕胶带时,上一层覆盖下一层的1/2左右,每缠一层都要拉紧压实,避免皱折和间隙。

④缠绕一层绝缘胶带。胶带应由下往上逐层缠绕。

⑤缠绕三层防水胶带。胶带应先由下往上逐层缠绕,然后从上往下逐层缠绕,最后再从下往上逐层缠绕。每层缠绕完成,需用手捏紧底部胶带,保证达到防水效果。

⑥缠绕三层绝缘胶带。胶带应先由下往上逐层缠绕,然后从上往下逐层缠绕,最后再从下往上逐层缠绕。每层缠绕完成,需用手捏紧底部胶带,保证达到防水效果。

⑦用线扣绑扎胶带的两端。

(4)对未使用的射频接口的防尘帽进行防水处理,如图 5-85 所示。胶带选择及防水处理请参见步骤(3)。

注意:如果未使用的射频接口防尘帽缺失,需首先安装相应接口的防尘帽。

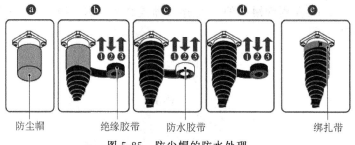

图 5-85　防尘帽的防水处理

(5)布放线缆,用线扣绑扎固定,并粘贴标签,具体操作要求可参考工程建设规范。

(6)布放线缆时,需要关注线缆的折弯半径要求,线缆的折弯半径要求具体如下。

①馈线弯曲半径要求:7/8 英寸馈线大于 250 mm,5/4 英寸馈线大于 380 mm。

②跳线弯曲半径要求:1/4 英寸跳线大于 35 mm,1/2 英寸跳线(超柔)大于 50 mm,1/2英寸跳线(普通)大于 127 mm。

③电源线、保护地线弯曲半径要求:不小于线缆直径的 5 倍。

④光纤弯曲半径要求:不小于光纤直径的 20 倍。

⑤信号线弯曲半径要求:不小于线缆直径的 5 倍。

4.打开配线腔

下面将介绍打开 AAS　FYGA 配线腔的步骤和方法。

操作步骤如下所述。

(1)佩戴防静电手套以避免单板或电子部件遭到静电损害。

(2)用 M4 十字螺丝刀将配线腔盖板上的 1 颗防误拆螺钉拧松,拉动把手,翻开 AASFYGA 配线腔,如图 5-86 所示。

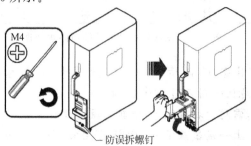

防误拆螺钉

图 5-86　打开 AAS　FYGA 配线腔

（3）拧松压线夹螺钉，打开压线夹，如图 5-87 所示。

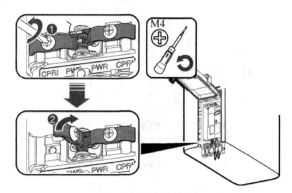

图 5-87　打开压线夹

5. 安装电源线

下面将介绍 AAS 电源线的安装步骤和方法。

说明：AAS 电源线连接到电源一端需要现场做线。电源与 AAS　FYGA 应靠近安装，两者安装直线距离限制在 3 m 以内。电源与 AAS　FYGA 之间的交流电源线长度 10 m，余长需要盘线处理。

操作步骤如下所述。

（1）将 AAS　FYGA 电源线为 3 插针圆形连接器的一端连接到 AAS　FYGA 的电源接口，如图 5-88 所示。

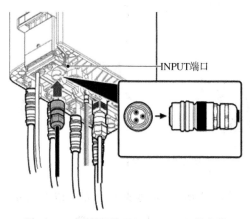

图 5-88　电源线到 AAS　FYGA 的连接

（2）电源线另一端通过防雷盒连接到 AAS　FYGA 电源系统。

（3）将外部输入交流电源线穿过防雷盒丝印为 IN 的 PG 头，电源线的 L、N、PE 线分别接到防雷盒的 Lin、Nin、PE 端。

（4）将 AAS　FYGA—防雷盒之间的电源线穿过防雷盒丝印为 OUT 的 PG 头，电源线的 L、N、PE 线分别接到防雷盒的 Lout、Nout、PE 端。

（5）拧紧 PG 头，最后再用扳手拧 PG 头 1 圈至 2 圈，保证 PG 头防水。

防雷盒与 AAS　FYGA 之间连线示意图如图 5-89 所示。

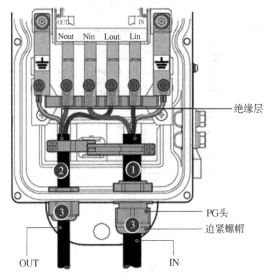

图 5-89　防雷盒线缆连接示意图

（6）对接入线缆接口进行防水处理。缠绕三层防水胶带，如图 5-90 所示。防水处理具体请参见安装射频跳线"1＋3＋3 防水处理方法"描述。

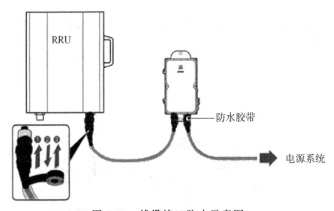

图 5-90　线缆接口防水示意图

（7）连接保护地线，如图 5-91 所示，接地夹制作方法请参见安装接地夹。

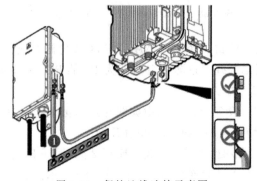

图 5-91　保护地线连接示意图

(8)连接防雷盒与外部接地线。

(9)连接防雷盒与 AAS FYGA 之间的等电位线。

(10)对保护地线接口进行喷漆处理。

(11)放线缆,用线扣绑扎固定,并粘贴标签,具体操作要求可参考工程建设规范。

6. 安装 CPRI 光纤

下面将介绍 CPRI 光纤的安装步骤和方法。

说明:通过光模块上的"SM"和"MM"标识可以区分光模块为单模光模块还是多模光模块;"SM"为单模光模块,"MM"为多模光模块。

操作步骤如下所述。

(1)将光模块上的拉环往下翻,在 AAS FYGA 的接口和 BBU 的 CPRI 接口上分别插入光模块,然后将光模块的拉环往上翻,扣紧即可,如图 5-92 所示。

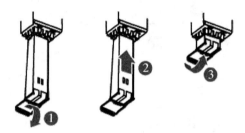

图 5-92 安装光模块

注意:

①待安装光模块速率应与将要对应安装的 CPRI 接口速率匹配。

②同一根光纤的两端光模块需保证为同一规格的光模块。如果 AAS FYGA 侧连接了低速率的光模块,则整个链路的速率会被拉低;如果两端光模块的拉远距离不同,可能会导致光模块烧毁。

③光模块长时间暴露在外部环境,会引起光模块性能异常,因此拆开光模块包装后必须在 20 分钟内插上光纤,不允许长时间不插光纤。

(2)将光纤上标签为 1A 和 1B 的一端连接到 AAS 侧的光模块中,如图 5-93 所示。

注意:安装光纤时,为了避免发生强烈弯曲,光纤要安装在紧接电源线的压线夹上。压线夹上螺钉的扭力矩为 1.4 N·m。

(3)将光纤上标签为 2A 和 2B 的一端连接到 BBU 侧光模块中。具体操作请参见《安装BBU 硬件》。

(4)布放线缆,用线扣绑扎固定,并粘贴标签,具体操作要求可参考工程建设规范。

7. 关闭配线腔

下面将介绍关闭 AAS FYGA 配线腔的步骤和方法。

操作步骤如下所述。

(1)关闭压线夹,使用力矩螺丝刀拧紧压线夹上的螺钉,紧固力矩为 1.4 N·m,如图 5-94 所示。

注意:操作过程中,配线腔中没有安装线缆的走线槽需用防水胶棒堵上。

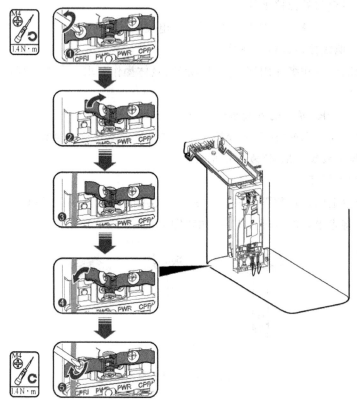

图 5-93　CPRI 光纤安装示意图

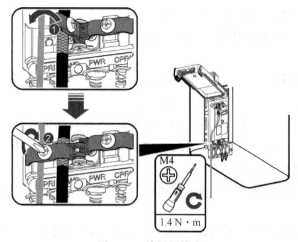

图 5-94　关闭压线夹

（2）将 AAS　FYGA 模块的配线腔盖板关闭,使用力矩螺丝刀拧紧配线腔盖板上的螺钉,紧固力矩为 0.8 N·m,如图 5-95 所示。

（3）在紧固配线腔盖前,线缆和防水胶棒需安装到位并且压在相应的槽位。

（4）取下防静电手套,收好工具。

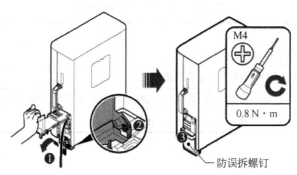

图 5-95　关闭配线腔

5.5　检查与评价

1. BBU 安装检查

机柜及设备全部安装完成后,需要对安装项目、安装环境进行检查,并检查与电缆相关的项目是否正确。

1)机柜安装检查

机柜安装检查项如表 5-10 所示。

表 5-10　机柜安装检查表

序号	检查项
1	机箱放置位置应严格与设计图纸相符
2	采用墙面安装方式时,挂耳的孔位与膨胀螺栓孔位配合良好,挂耳应与墙面贴合平整牢固
3	采用抱杆安装方式时,安装支架固定牢固,不松动
4	采用落地方式安装时,底座要安装稳固
5	机箱水平度误差应小于 3 mm,垂直偏差度应不大于 3 mm
6	所有螺栓都要拧紧(尤其要注意电气连接部分),平垫、弹垫要齐全,且不能装反
7	机柜清洁干净,及时清理灰尘、污物
8	外部漆饰应完好,如有掉漆,掉漆部分需要立即补漆,以防止腐蚀
9	预留空间未安装用户设备的部分要安装了假面板
10	柜门开闭灵活,门锁正常,限位拉杆紧固
11	各种标识正确、清晰、齐全
12	安装模块未使用的出线孔需要用胶棒堵住

2)机柜安装环境检查

机柜安装环境检查项如表 5-11 所示。

表 5-11　机柜安装环境检查表

序号	检查项
1	机柜外表应干净,不得有污损、手印等
2	线缆上无多余胶带、扎带等遗留
3	机柜周围不得有胶带、扎带线头、纸屑和包装袋等施工遗留物
4	所有周围的物品应整齐、干净,并保持原貌

3)电气连接检查

需要进行的机柜电气连接检查项如表 5-12 所示。

表 5-12　机柜电气连接检查

序号	检查项目
1	所有自制保护地线必须采用铜心电缆,且线径符合要求,中间不得设置开关、熔丝等可断开器件,也不能出现短路现象
2	对照电源系统的电路图,检查接地线是否已连接牢靠,交流引入线、机柜内配线是否已连接正确、螺钉是否紧固,确保输入、输出无短路
3	电源线、保护地线的余长应被剪除,不能盘绕
4	给电源线和保护地线制作端子时,端子应焊接或压接牢固
5	接线端子处的裸线及端子柄应使用热缩套管,不得外露
6	各 OT 端子处都应安装有平垫和弹垫,确保安装牢固,OT 端子接触面无变形,接触良好

4)线缆安装检查

需要进行的线缆安装检查项如表 5-13 所示。

表 5-13　线缆安装检查

序号	检查项目
1	所有线缆的连接处必须牢固可靠,特别注意通信网线的连接可靠性,以及机柜底部的所有线缆接头的连接情况
2	电源线、地线、馈线、光缆、FE 信号线等不同类别线缆布线时应分开绑扎
3	射频电缆接头要安装到位,以避免虚连接而导致驻波比异常

5)BBU 硬件安装检查

BBU 硬件安装检查如表 5-14 所示。

表 5-14　BBU 硬件安装检查表

序号	检查项
1	BBU 单板都按规划正确安装在对应的槽位,且安装到位
2	BBU 机框安装牢固
3	BBU 线缆都按规划正确安装在对应的接口,且安装到位

2. BBU上电检查

DBS基站通电工作之前,需要对机柜本身和机柜内部件进行上电检查。

注意:设备打开包装后,7天内必须上电;后期维护,下电时间不能超过48小时。

1)上电检查流程

基站采用4815AF作为供电模块,上电检查流程如图5-96所示。

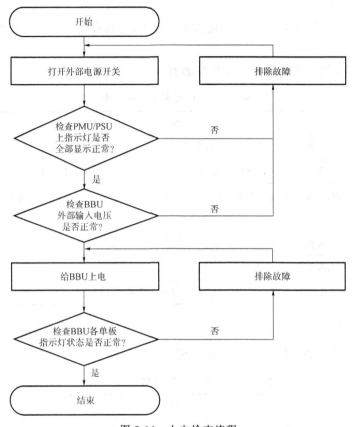

图 5-96 上电检查流程

说明:采用其他电源作为供电模块时,需对相关电源的指示灯及电压输出状态进行检查。

2)指示灯状态检查

PMU指示灯正常状态如下:

· RUN指示灯,闪烁;

· ALM指示灯,常灭。

PSU指示灯正常状态如下:

· RUN电源指示灯,绿色常亮;

· ALM保护指示灯,常灭;

· FAULT故障指示灯,常灭。

LMPT、LBBP指示灯正常状态如下:

- RUN 指示灯,1 s 亮,1 s 灭;
- ALM 指示灯,常灭;
- ACT 指示灯,常亮;
- UPEUc 单板 RUN 指示灯,常亮;
- FANc 模块 STATE 指示灯,绿色慢闪(1 s 亮,1 s 灭)。

3. RRU 安装检查

介绍安装完成后的 AAS FYGA 硬件安装检查,包括设备安装检查和线缆安装检查。

1)设备安装检查

AAS FYGA 设备安装检查具体信息如表 5-15 所示。

表 5-15　AAS 设备安装检查表

序号	检查项目
1	设备的安装位置严格遵循设计图纸,满足安装空间要求,预留维护空间
2	AAS FYGA 安装在金属抱杆上时,扣件安装牢固,设备固定良好,没有松动现象
3	AAS FYGA 安装在墙面上时,辅扣件的孔位对准膨胀螺栓的孔位并紧贴墙面,安装牢固,手摇不晃动
4	AAS FYGA 配线腔未走线的走线槽中安装防水胶棒,配线腔盖板锁紧
5	AAS FYGA 正常运行时,各指示灯显示正常
6	光纤两端采用同样规格的光模块,包括速率和传输距离都相同

2)线缆安装检查

AAS 线缆安装检查具体信息如表 5-16 所示。

表 5-16　AAS FYGA 线缆安装检查表

序号	检查项目
1	保护地线采用黄绿色电缆,电源线 NEG(-)线采用蓝色电缆、RTN(+)线采用黑色电缆
2	所有电源线、保护地线不得短路、不得反接
3	保护地线、电源线和信号线分开绑扎
4	接线端子处的裸线和线鼻柄应缠紧 PVC 绝缘胶带,不得外露
5	基站保护接地、建筑物的防雷接地应共用一组接地体
6	电源线、保护地线要采用整段材料,中间不能有接头
7	信号线连接器的连接必须牢固可靠
8	光纤弯折应在弯曲半径允许范围内,以避免造成光功率的损耗
9	仔细检查电源线的屏蔽层,确保可靠接地
10	已连接或闲置的 N 型连接器必须做好防水处理

第6章 基站开通调测项目实训

6.1 开通准备

1. 硬件配备

本配置实例中,以 5G NSA S111 站型为参考,DU 侧硬件布局说明如下。

(1)包括的硬件有:ASIK、ABIL、AAHF、FYGM/FYGA/FYGB。

(2)硬件配置如图 6-1 所示。

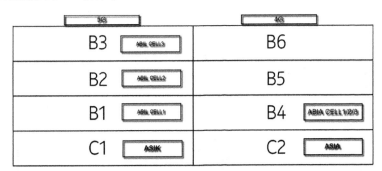

图 6-1 硬件配置

2. 开通软件安装

(1)软件版本的 NSA 主线包如表 6-1 所示。

表 6-1 软件版本的 NSA 主线包

gNB	0.835.369
AAHF	5GC59.01.R01
eNB	FL00_FSM4_9999_181129_023561
epcSim	esimmode_WTS_614186.11_4.0.4236_core2.tar.bz2

(2)打通基站到核心网的网络传输。

(3)在计算机上安装 eNB 软件,并提前做好规划数据。

(4)一定要按照要求准备好相应的计算机工作环境,如 Python。

(5)YAFT 工具建议使用较新的版本,如 YAFT 860 以上版本。

(6)AAU 软件包的正确刷包。

(7)DU 侧已经按照硬件布局安装到位,并已经加电 OK。

6.2 RRU 刷包

RRU 安装结束后,在配置数据前,需要对其软件包进行升级,升级方式可以通过两种方式实现。

方法一:用 Fileloader 刷包。

(1)运行 FileLoaderRp1.exe,手工设置 Build Name 为待刷软件包名,IP 地址 192.168.101.1,如图 6-2 所示。

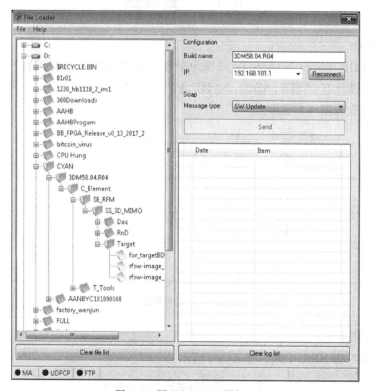

图 6-2　用 Fileloader 刷包 1

(2)从本地计算机 ssh 登录到 AAHF,然后执行以下命令,如图 6-3 所示。

telnet 0 2000

/ action create TestControl /tc /module

/tc action connect_13 "192.168.101.100

```
Connecting to 192.168.101.1:2000...
Connection established.
To escape to local shell, press 'Ctrl+Alt+]'.
/ action create TestControl /tc /module
ret / action create TestControl /tc /module ==> done ok
/tc action connect_13 "192.168.101.100"
ret /tc action connect_13 "192.168.101.100" ==> done ok
-
```

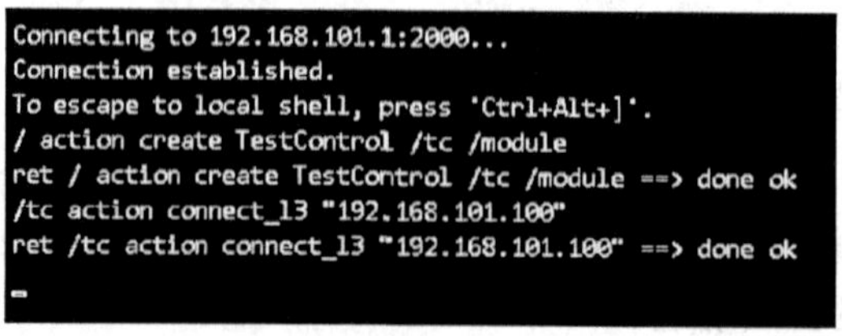

图 6-3　用 Fileloader 刷包 2

注意: 有些版本 telnet 成功之后可能没有任何提示。

(3)在 FileLoader 窗口单击 Reconnect 按钮。UDPCP 应该变成绿色,如图 6-4 所示。

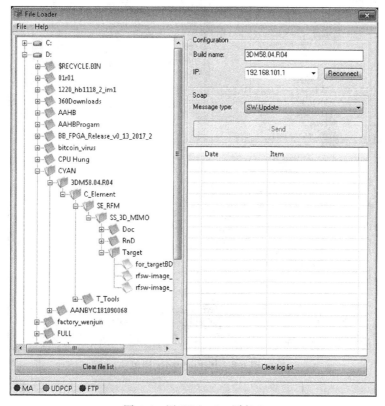

图 6-4　用 Fileloader 刷包 3

(4)在 ssh 窗口执行"clocknotif"命令。注意要退出前面的 telnet,或者重新登录一个新窗口,如图 6-5 所示。

图 6-5　用 Fileloader 刷包 4

(5)等待 30 秒,MA 指示应该变成绿色,如图 6-6 所示。

(6)这时,选择软件包 rfsw-image_xxx. tar,单击 Send 按钮,如图 6-7 所示。

(7)5 分钟左右完成刷包升级。

方法二:用命令行刷包。

(1)如果图形界面刷包失败,或者刷包后的 RRU 不被 BBU 识别,尝试用命令行刷包。

(2)将以下程序复制到本地计算机上 RRU 软件包所在目录。

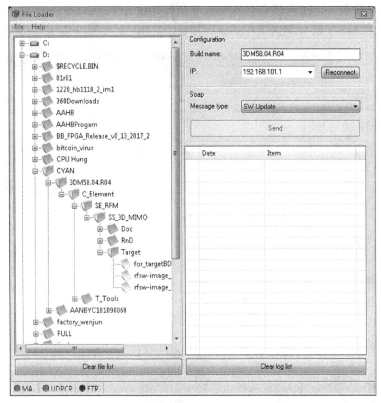

图 6-6　用 Fileloader 刷包 5

zutil.exe

（3）DOS 命令提示符下运行命令，计算安装包的校验和。记下输出结果中的十六进制数值，如图 6-8 所示。

（4）ssh 登录 RRU。查看刷包前的软件版本：cat /etc/version。

（5）备份/mnt/factory 目录到本地计算机。

（6）上传软件包 rfsw-image_xxx. tar 到 /ram 目录。

（7）执行两条命令做刷包升级。

（8）以 5GC59. 01. R01 对应的 rfsw-image_20190124104733. tar 为例。

SWmanShellCommand-s/ram/rfsw-image_20190124104733. tar 0x9a2d1718 20190124
104733 0

第一条命令中的 0x9a2d1718，来自第（3）步的计算结果。

（9）完成后执行 reboot。

（10）RU 激活后，执行命令查看新版本。

cat /etc/version

SWmanShellCommand -a 5GC59. 01. R01　5GC59. 01. R01　rfsw-image _ 20190124104733.
tar 20190124104733

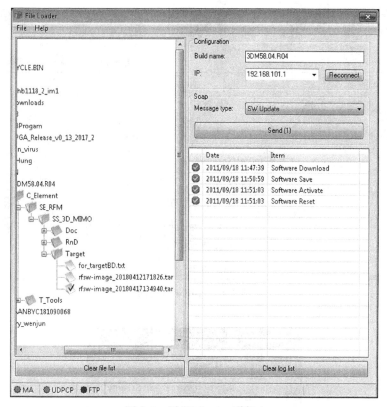

图 6-7　用 Fileloader 刷包 6

图 6-8　命令行刷包

6.3　BBU 刷包

6.3.1　本地计算机设置

本机计算机配置 IP 地址:192.168.255.126,掩码 255.255.255.0,网线直连 ASIK 的 LMP 端口。确定能 ping 通 ASIK IP 地址 192.168.255.129。

6.3.2　板卡设置

新出厂的 ASIK,需关闭端口安全模式,并打开 ssh 访问权限。操作步骤如下:

浏览器打开 https://192.168.255.129,如图 6-9 所示。

单击 Disable 按钮关闭端口安全。单击 Enable 按钮开放 ssh 访问,如图 6-10 所示。

确定本地计算机能 ssh 连上 ASIK 的 IP 地址 192.168.255.129。

图 6-9　ASIKweb 访问

图 6-10　开放 ssh 访问

6.3.3　刷包流程

(1)如果是新出厂的板卡,ASIK 和 ABIL 一起上电。如果是其他项目用过的旧板卡,拔出 ABIL 后上电。

(2)复制 Python 刷包脚本到本地计算机的 YAFT 目录。最新版本下载目录:
https://svne1. access. nsn. com/isource/svnroot/BTS_T_YAFT/trunk

(3)准备好待刷的软件包 zip 文件,可以从 wft 下载到本地。

(4)打开 DOS 命令行提示符,cd 到脚本 YAFT 目录。

(5)执行脚本按指定地址和文件路径刷包。

比如:C:\classical\YAFT> yaft. py -i 192. 168. 255. 129 -z d:\sw\AirScale-0. 835. 369. zip

备注:如果执行失败,看输出信息分析原因。如果是登录出错,尝试以下命令,在提示密码时输入 oZPS0POrRieRtu 按 Enter 键继续。

yaft. py -i 192. 168. 255. 129 -z d:\sw\AirScale-0. 835. 369. zip --ask_for_password

如无法解决，收集 YAFT 目录下\log 子目录里最新的一个文件给后台分析。

(6)刷包完成后，等待 ASIK 自动重启。

(7)可以 ssh 登录上去查看软件版本，确定文件名包含所刷的版本号：

cat /ffs/run

(8)ssh 执行以下命令，查看 ASIK 和 ABIL 的升级状态：

export PYTHONPATH =/opt/hwmt/python; python /opt/hwmt/python/hwapi/AdetS. py -s

(9)直到显示 ready。如果 ABIL 没有插入，等待 FCT 显示 ready 后，下电插入 ABIL。上电后再次执行命令查看状态，直到 FCT 和 FSP 板卡的所有项目都显示 ready，如图 6-11 所示。

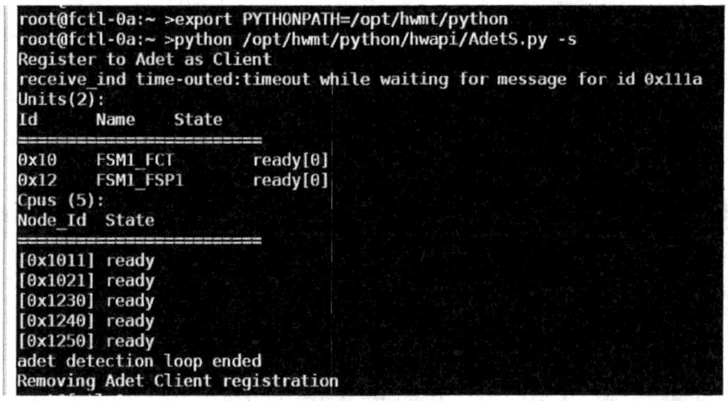

```
root@fctl-0a:~ >export PYTHONPATH=/opt/hwmt/python
root@fctl-0a:~ >python /opt/hwmt/python/hwapi/AdetS.py -s
Register to Adet as Client
receive_ind time-outed:timeout while waiting for message for id 0x111a
Units(2):
Id       Name    State
==========================
0x10     FSM1_FCT        ready[0]
0x12     FSM1_FSP1       ready[0]
Cpus (5):
Node_Id State
==========================
[0x1011] ready
[0x1021] ready
[0x1230] ready
[0x1240] ready
[0x1250] ready
adet detection loop ended
Removing Adet Client registration
```

图 6-11 刷包成功

注意： 在所有状态显示 ready 之前，不能重启或者断电板卡！除非 30 分钟以上还不显示 ready，才可以尝试断电/上电然后继续观察。

另附 Python 环境安装步骤：

(1)安装 python 2. 7. x，官网下载。

(2)添加安装路径到 Windows 环境变量 Path：我的电脑→属性→高级系统设置→环境变量→系统变量 Path

(3)添加，比如：C:\APPS\python27\; C:\APPS\python27\Scripts。

(4)升级 pip。运行 DOS 命令：

python —m pip install ——upgrade pip

(5)安装 paramiko：

pip install paramiko

(6)查看 tython - version。

6. 4 配置加载

(1)ASIK 刷好包后，https 登录界面会发生变化，如图 6-12 所示。

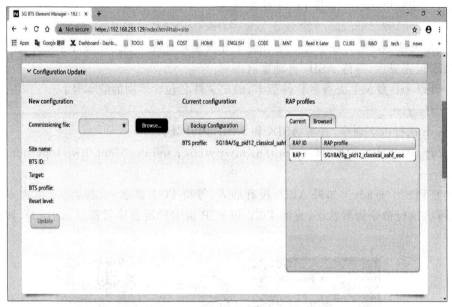

图 6-12　https 登录界面

(2)将 4G、5G 对应的 swconfig.txt 文件分别导入到对应站点的 ffs/run 下面并进行签名。

(3)按规划数据准备好 SCF 配置文件。可以根据模板,修改 BTS ID/Name,C/U/M 面 VLAN,IP 地址和路由,以及 ENB 邻区的 IP 地址,PCI 等信息。

(4)然后浏览器登录 ASIK,在上面的 Configuration Update 界面载入文件,单击 Update 按钮进行加载激活。

6.5　基站开通

(1)确认传输已经做通数据,并能 ping 通 EPC,X2 等地址。

(2)检查 ENB 上加了 5G 邻区,写入 5G DU IP,如图 6-13 所示。

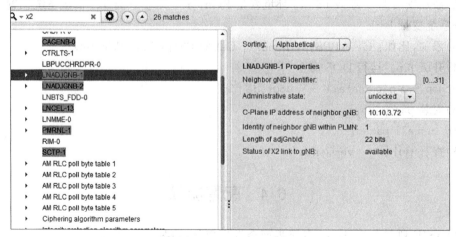

图 6-13　基站开通 1

（3）等待系统重新启动后，网页重连并能识别所有硬件，如图 6-14 所示。

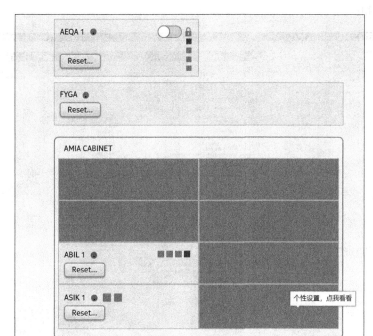

图 6-14　基站开通 2

几分钟后，等 X2 连接建好，cell 进入到 on air 状态，如图 6-15 所示。

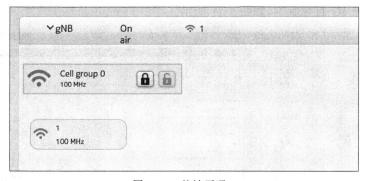

图 6-15　基站开通 3

6.6　s111 基站开通调测说明

在开通过程中，需要对 4G 锚点站和 5G 站点全部进行升级。

6.6.1　4G 锚点站升级过程

升级路径：

出厂版本---FL18SP3.0---FL00_FSM4_9999_190223_025063

工具使用 sitemanger 升级，升级完成后再转换为 web 登入，如图 6-16 所示。

升级过程中,必须严格按照升级过程进行,否则升级会失败。升级时将 autoconfig 及 security disabble。

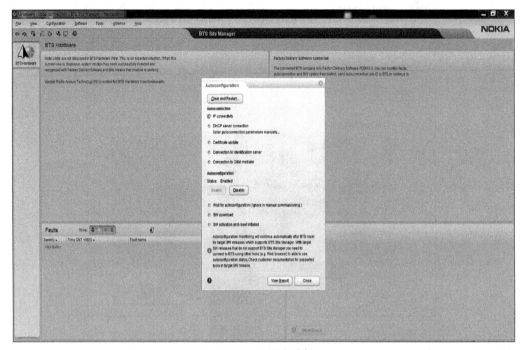

图 6-16 4G 锚点升级 1

成功升级到 4G 目标版本,如图 6-17 所示。

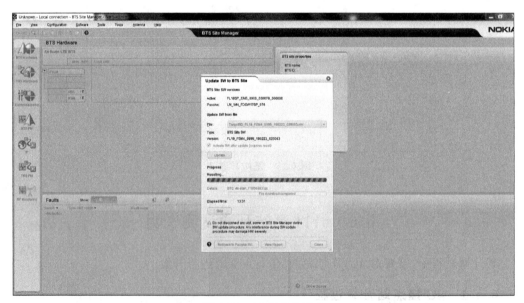

图 6-17 4G 锚点升级 2

升级成功后,将准备好的配置文件及 swconfig 下发,调通传输及 EPC,基站正常 onair,如图 6-18 所示。

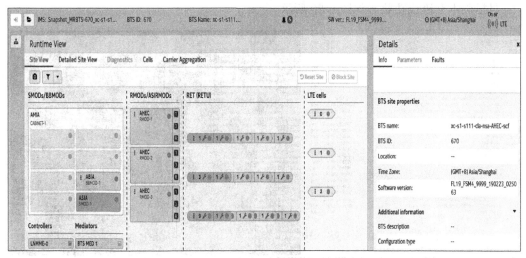

图 6-18 4G锚点升级 3

6.6.2 5G 站点的升级调测

yaft 升级路径: factory---AirScale -0.835.369---AirScale -0.835.594.zip。

须使用 yaft 864 及以上版本的工具进行升级。

必须要使用过渡版本，AirScale-0.835.369 再升级到目标版本 AirScale-0.835.594.zip。

先在过渡版本上将主备区都 yaft 到正常状态，如下: 说明离成功不远了。在此基础上再 YAFT 到 594 版本，会比较顺利。

过渡版本 369 升级成功状态，如图 6-19 所示。

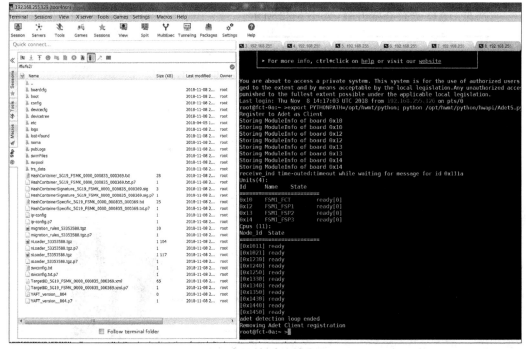

图 6-19 5G 站点升级 1

目标版本升级成功状态如图 6-20 所示。

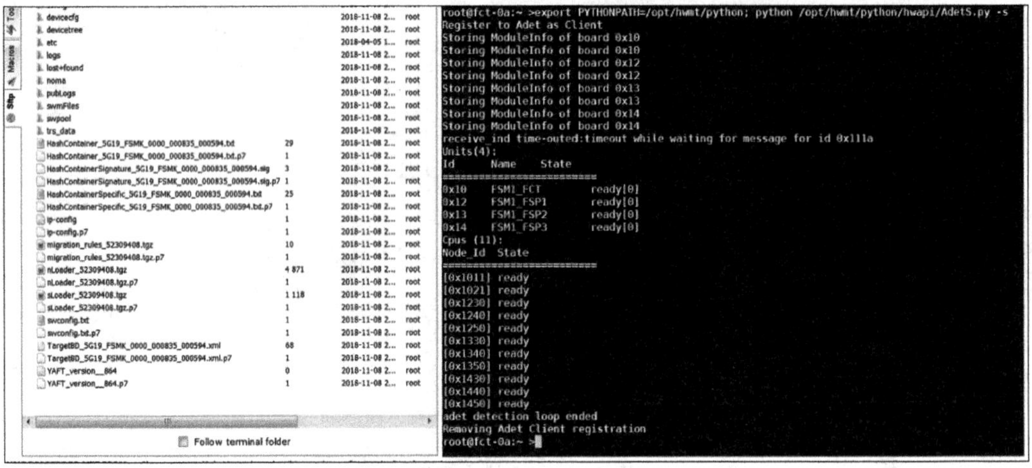

图 6-20　5G 站点升级 2

6.6.3　下发 5G 配置文件及 swconfig.txt 文件

基站起来后所有板件工作正常状态,且 AAU 已经识别到。

NOTE：如图 6-21 所示参数需要在 5G 配置中与其对应的 4G 锚点站匹配。

```
<managedObject class="com.nokia.srbts.nrbts:LTEENB" distName="MRBTS-1900/NRBTS-1/LTEENB-1" operation="create" version="NRBTS5GI9_1901_011">
    <p name="x2LinkLock">unlocked</p>
    <p name="eNodeBId">670</p>
    <p name="ipAddr">111.100.1.45</p>
    <p name="x2LinkStatus">available</p>
```

图 6-21　参数配置

再次对 AAU 进行在线升级,如图 6-22 所示。

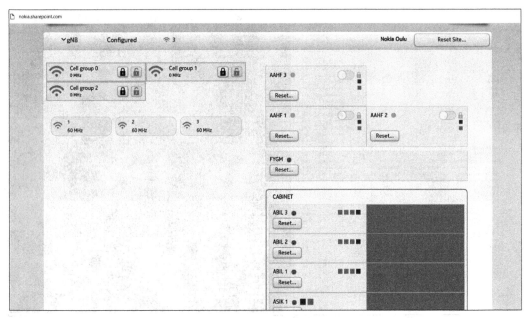

图 6-22　AAU 在线升级

RRU 识别到后,但是会有黄色告警灯闪烁,此时 RRU 工作不正常,需要进一步检查 RRU 的软件版本情况。

此时 RRU 软件版本未升级到目标版本还在之前老版本上,如图 6-23 所示。

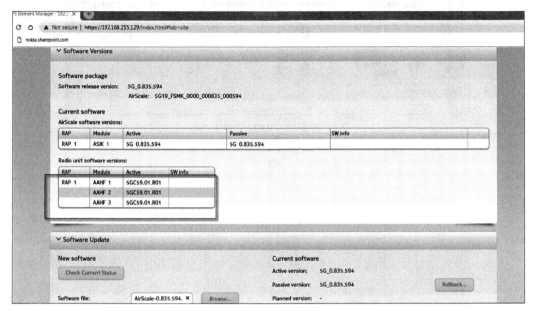

图 6-23　RRU 升级 1

再次升级 ASIK 594 ,提示对 RF 进行升级。

升级成功后 RRU 工作即可正常,如果 1 次升级不成功,可再次尝试升级 RRU 软件包, 如图 6-24 所示。

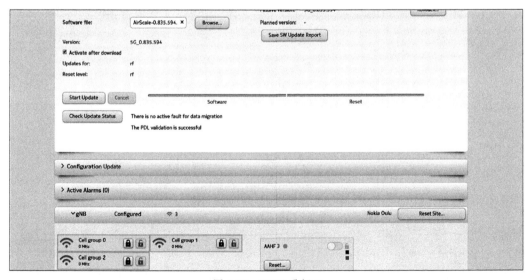

图 6-24　RRU 升级 2

等 RRU 升级成功,稳定下来变绿灯到正常工作状态 4G X2 告警消失,5G 基站成功 onair,如图 6-25 所示。

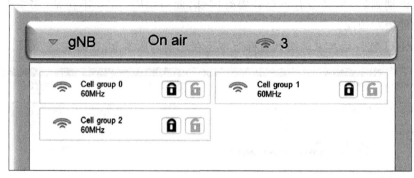

图 6-25   RRU 升级 3